AF359832

EXPLORATION
SCIENTIFIQUE
DE LA TUNISIE

PUBLIÉE

SOUS LES AUSPICES DU MINISTÈRE DE L'INSTRUCTION PUBLIQUE

OISEAUX

(RAPACES ET GRIMPEURS)

EXPLORATION SCIENTIFIQUE DE LA TUNISIE

CATALOGUE

DES

OISEAUX DE LA TUNISIE

(RAPACES ET GRIMPEURS)

PAR

E. OUSTALET

PROFESSEUR AU MUSÉUM D'HISTOIRE NATURELLE

PARIS

IMPRIMERIE NATIONALE

MDCCCCXV

AVIS.

Après la mort de M. le professeur E. Oustalet, il a été impossible de retrouver la fin de son manuscrit du *Catalogue des Oiseaux de la Tunisie*. En conséquence le texte de cette publication se trouve interrompu au point même où s'arrêtaient les épreuves établies du vivant de l'auteur.

INTRODUCTION.

Aucun ornithologiste n'ayant été attaché à la mission d'exploration scientifique de la Tunisie, et le zoologiste distingué auquel incombait le soin de rechercher les spécimens de Vertébrés supérieurs, M. Lataste, ayant dû diriger tous ses efforts vers la récolte des mammifères, les oiseaux se sont trouvés forcément délaissés dans le cours de l'expédition.

C'est même assez longtemps après la publication de la plupart des catalogues consacrés à d'autres groupes zoologiques, qu'on s'est décidé à compléter l'inventaire de la faune tunisienne par un fascicule consacré aux oiseaux. Appelé, à une date relativement récente, à l'honneur de rédiger ce fascicule, j'ai été devancé, dans l'étude de la faune ornithologique de la Tunisie, par des naturalistes anglais ou allemands. Parmi ceux-ci, je citerai en particulier M. J. I. S. Whitaker, qui a publié dans l'*Ibis* plusieurs notices préliminaires d'un travail d'ensemble [1], M. le D^r Kœning, qui a effectué successivement en Algérie et en Tunisie d'intéressantes explorations, dont il a fait connaître les résultats dans le *Journal für Ornithologie* [2] et enfin M. le baron C. d'Erlanger, qui a parcouru à plusieurs reprises la Tunisie, accompagné de naturalistes préparateurs et qui y a recueilli de nombreuses collections. Celles-ci ont fait l'objet d'un mémoire très étendu, inséré également dans le *Journal für Ornithologie* [3].

Dans ces conditions, mon œuvre devait consister surtout à résumer les travaux extérieurs, à discuter la valeur de certaines espèces, de

[1] J. I. S. Whitaker, *Notes on some Tunisian Birds*, Ibis, 1894, p. 78 et suiv. — *Additional Notes on Tunisian Birds*, ibid., 1895, p. 95. — *Further Notes on the Birds of Tunis*, ibid., 1896, p. 17 et 1898, p. 125. — *On the Grey Shrikes of Tunis*, ibid., 1898, p. 228. — *On the occurrence of Porphyrio Alleni in Italy and Tunis*, ibid., 1903, p. 432.

[2] Dr A. Kœnig, *Avifauna von Tunis*, Journal für Ornithologie, 1888, p. 121. — *Zweiter Beitrag zur Avifauna von Tunis*, ibid., 1892, p. 266 et 329.

[3] C. Freiherr von Erlanger, *Beiträge zur Avifauna Tunisiens*, Journal für Ornithologie, 1898 et 1899.

certaines variétés et à établir leur distribution géographique. Ma tâche a été facilitée par l'entrée récente dans les collections du Muséum d'histoire naturelle, de séries importantes d'oiseaux, provenant du Nord de l'Afrique. Ainsi, tandis que des oiseaux de Tunisie, acquis de M. Blanc ou recueillis par M. Bédé, chargé de mission, venaient se joindre aux spécimens de la faune tunisienne que le Muséum possédait déjà, tandis que des oiseaux obtenus dans le Sahara algérien par M. Dybowski, par M. le Dr Jolly, prenaient place à côté des exemplaires obtenus autrefois en Algérie par Levaillant jeune, par Loche, par Bouvry et par d'autres voyageurs, une petite série d'oiseaux de la Tripolitaine et une importante collection formée au Maroc par M. Buchet, me fournissaient de précieux termes de comparaison. J'en ai trouvé d'autres dans la magnifique collection généreusement donnée au Muséum par M. Boucard, et j'ai pu examiner enfin la plupart des oiseaux que M. Georges Talamon a rapportés du Nord et du Nord-Est de la Tunisie et dont il a donné la liste dans l'*Ornis* [1]. Si le retard apporté à la publication du Catalogue des Oiseaux de la Tunisie a donc enlevé une certaine originalité à mon travail, il aura du moins l'avantage d'augmenter mes matériaux d'études.

Au Jardin des Plantes, ce 1er juillet 1904.

[1] *Ornis*, 1904, XII.

CATALOGUE

DES

OISEAUX DE LA TUNISIE.

RAPACES DIURNES.

VULTURIDÉS.

1. Gyps fulvus.

Le Vautour fauve Brisson Ornithologie [1760], I, 462. — *Vultur fulvus* Gmelin Syst.
Nat. [1788], I, 249; J. Gould *Birds of Europe* [1837], I, pl. I. — C. F. Tyrwhitt
Drake, *Ibis* [1867], 423. — *Gyps fulvus* O. Salvin *Ibis* [1859], 178; Loche *Expl.
scient. Algérie, Zool. Oiseaux* [1867], I, 3; R. B. Sharpe *Cat. Birds Brit. Museum* [1874],
I, 5; Kœnig *Journ. f. Ornith.* [1884], 142 et [1892], 293; J. I. S. Whitaker *Ibis*
[1895], 103; G. Talamon *Ornis* [1904], XII, 584, n° 15. — *Gyps occidentalis* Ch.-
L. Bonaparte *Consp. av.* [1850], I, 10. — *Gyps fulvus* var. *hispaniolensis* R. B. Sharpe
Cat. Birds Brit. Museum [1874], 5. — *Gyps fulvus occidentalis* C. Erlanger *Journ. f.
Ornith.* [1898], 448, n° 17. — *Nisr* (Erlanger).

M. d'Erlanger a cru devoir rapporter les Vautours fauves qu'il a tués en Tunisie
à une race particulière du *Gyps fulvus*, race qui correspondrait au *Gyps occidentalis*
du prince Ch.-L. Bonaparte et au *Gyps fulvus hispaniolensis* de R. B. Sharpe et qui
serait caractérisée par une taille plus faible et une coloration fauve, tirant à la teinte
terre-de-sienne sur les parties inférieures du corps. A cette race appartiendraient
également le Vautour fauve obtenu sur le *Djebel Recas*, près de *Tunis*, par M. J. I. S.
Whitaker, ceux que M. G. Talamon a vus s'abattre au printemps de 1900 sur les
charniers de l'*Oued Tindja* et ceux qui ont été observés en Algérie par le commandant Loche. Mais en comparant un spécimen envoyé au Muséum par ce dernier
naturaliste et un autre individu provenant de l'ancien Musée algérien avec des
Vautours fauves originaires d'Égypte, d'Espagne et d'autres contrées de l'Europe,
je ne puis découvrir de différences de quelque importance. M. J. H. Gurney, si
versé dans l'étude des Oiseaux de proie, avait déjà montré que quelques-unes de
ces différences sont imputables à l'âge, et que des Vautours tués à Laghouat et à
Souk-Harras (Algérie) devaient être attribués à l'espèce ordinaire, *Gyps fulvus* [1].

[1] *Ibis*, 1875, p. 87-89.

Loche ne distinguait pas non plus les Vautours fauves d'Algérie de ceux de l'Europe.

Les Vautours fauves fréquentent toutes les hautes montagnes de la Tunisie et nichent en colonie sur les falaises les plus abruptes et les plus inaccessibles du Djebel Guettar, du Djebel Sidi-Aich, etc. Les hauteurs de *Galb-el-Assued* sont le point le plus méridional où M. C. d'Erlanger ait rencontré ces oiseaux; mais le *Gyps fulvus* se rencontre aussi en Tripolitaine, en Nubie et en Abyssinie, et d'autre part s'avance, à travers l'Algérie, jusque dans le Maroc, où il est commun et séjourne parfois en hiver; et comme l'espèce, telle que je la comprends, habite aussi l'Espagne, la Sardaigne, la Dalmatie, la Hongrie, la Grèce et l'Asie Mineure, on peut dire que le *Gyps fulvus* est répandu sur tout le pourtour du bassin méditerranéen.

2. Neophron percnopterus.

Le Vautour brun, le Vautour d'Égypte et *le Vautour à teste blanche* Brisson *Ornithologie* [1760], I, 155, 457 et 466. — *Vultur percnopterus* Linné *Syst. Nat.* [1766], I, 123. — *Neophron percnopterus* Savigny *Oiseaux d'Égypte* [1809], 239; Vieillot et Oudart *Galerie des Oiseaux* [1825], I, 7 et pl. II; O. Salvin *Ibis* [1859], 180; Loche *Expl. scient. Algérie, Zool. Oiseaux* [1857], 11; C. J. Tyrwhitt Drake *Ibis* [1867], 423; R. B. Sharpe *Cat. Birds Brit. Museum* [1874], I, 17; Kœnig *Journ. f. Ornith.* [1888] et [1892], 286, 141; J. I. S. Whitaker *Ibis* [1494], 96; C. von Erlanger *Journ. f. Ornith.* [1898], 442, n° 16. — *Rachma* (d'Erlanger et Kœnig). — *Errakma* (Loche).

Le *Neophron percnopterus* appartient, comme le *Gyps fulvus*, à la catégorie des espèces circumméditerranéennes, mais s'avance probablement un peu plus loin vers l'Est et un peu moins loin vers l'Ouest que le Vautour fauve. Très commun en Algérie, il est également très répandu en Tunisie, surtout dans la partie méridionale de ce pays, où des terrains incultes, accidentés et rocailleux lui offrent des conditions particulièrement favorables. Il s'y reproduit sur les falaises de *Djebel Sidi-ben-Aoun*, du *Djebel Sidi-Aich*, du *Djebel Batteria*, du *Djebel R'sas*, ainsi qu'aux environs de *Monastir*. Mais il évite la région boisée du Nord, et de ce côté ne niche pas, d'après M. d'Erlanger, au delà de l'*Oued Kasserine*.

Le Muséum a reçu en 1903 la dépouille d'un Percnoptère, tué en Tunisie par M. Bédé: il possédait déjà dans ses galeries la dépouille montée d'un autre Percnoptère mâle, qui avait été pris en Algérie et qui a vécu à la Ménagerie du Jardin des Plantes jusqu'en 1830. D'autres oiseaux vivants, de la même espèce, que le commandant Loche tenta quelques années plus tard de ramener en France, périrent pendant la traversée.

En Algérie, le *Neophron percnopterus* est très commun, mais se montre toujours isolément et non par couple. Il n'est pas moins répandu au Maroc, où M. C. F. Tyrwhitt Drake l'a trouvé nichant aux environs de Tétouan et l'a vu passer de 15 au 20 mars au-dessus de Tanger, se dirigeant vers le Nord.

Le Vautour arrian (*Vultur monachus* L.) et le Vautour oricou (*Otogyps auricularis* David.), que Loche cite comme se trouvant en Algérie, n'ont pas encore été signalés en Tunisie.

GYPAÉTIDÉS.

3. Gypaetus barbatus.

Le Vautour doré et *le Vautour des Alpes* Brisson *Ornithologie* [1760], I, 458 et 464. — *Vultus barbatus* Linné *Syst. Nat.* [1766], I, 123. — *Gypaetus barbatus* Storr *Alpenreise* [1784], 69; Tristram *Ibis* [1859], 282; O. Salvin *Ibis* [1859], 176; Loche *Expl. scient. Algérie, Zool. Oiseaux* [1867], I, 13; R. B. Sharpe *Cat. Birds Brit. Museum* [1874], I, 228; Kœnig *Journ. f. Ornith.* [1870], 38 et [1892], 292. — *Gypaetus barbatus atlantis* C. von Erlanger *Journ. f. Ornith.* [1898], 395, n° 1 et pl. IV et V. — *Bou-Lachia* (von Erlanger). — *El Ogar* (Loche). — *Boulachiah* (Salvin).

M. C. d'Erlanger attribue les Gypaètes de l'Atlas à une espèce (ou plutôt à une race) particulière, qu'il nomme *Gypaetus barbatus atlantis* et qui, d'après lui, serait caractérisée par l'absence de stries foncées sur la gorge et les joues, qui seraient traversées seulement par une raie noire très fine, se prolongeant au-dessous de l'œil et s'épaississant légèrement vers l'oreille; par la gracilité relative du bec et des pattes, par la dénudation de la partie inférieure du tarse et par la brièveté de la barbiche. Au contraire, chez le *Gypaetus barbatus* typique des Alpes et des Pyrénées, que M. d'Erlanger nomme *Gypaetus barbatus barbatus,* la gorge et les joues seraient tachetées, les taches affectant au-dessus de l'œil et vers l'oreille la forme de lancettes; les joues seraient traversées par une forte raie foncée; le bec et les pieds seraient relativement robustes; le tarse serait emplumé jusqu'aux doigts et la barbiche serait longue. Enfin, dans la forme abyssinienne, que M. d'Erlanger appelle *Gypaetus barbatus ossifragus,* la gorge et les joues seraient immaculées et d'un blanc pur; la raie latérale ferait complètement défaut; le bec et les pattes seraient grêles; la partie inférieure du tarse serait dénudée sur une assez grande hauteur et la barbiche très développée.

Je n'ai pas entre les mains des matériaux assez nombreux pour me faire une idée absolument nette de la valeur de ces trois formes, dont l'une, *Gypaetus barbatus barbatus* ou *grandis,* étendrait son aire d'habitat à travers la péninsule ibérique, les Pyrénées, les montagnes de la Sardaigne, les Alpes et les Balkans jusque dans le Caucase, les montagnes de l'Asie centrale, l'Himalaya et les montagnes de la Mongolie, tandis qu'une autre, *Gypaetus barbatus atlantis,* serait propre à la Tunisie, à l'Algérie et au Maroc, et que la troisième, *Gypaetus barbatus ossifragus,* vivrait en Abyssinie et dans les pays voisins. Tout ce que je puis dire, c'est que deux Gypaètes de la collection du Muséum, tués l'un dans la région du Nil Blanc, par Schimper, l'autre en Abyssinie par d'Arnaud, appartiennent incontestablement à la forme *ossifragus,* qui constitue non pas sans doute une espèce, mais une race; que d'autres exemplaires du Muséum, provenant des Pyrénées, de Sardaigne et du Tibet se rapportent à la forme typique, *G. barbatus,* mais que sur deux spécimens originaires d'Algérie et donnés au Muséum, l'un par Levaillant, l'autre par M. H. Milne-Edwards, il en est un, le dernier, qui est parfaitement adulte, dont les joues et la gorge sont d'un blanc pur, pour ainsi dire sans tache, avec une raie latérale à peine distincte près de l'oreille, une barbiche courte et des tarses emplumés jusqu'à la naissance des doigts. Ce spécimen, par l'aspect des tarses, ressemble donc complètement au *G. barbatus* typique, par la couleur blanche de la tête et par la disparition presque totale de marques foncées au *G. barbatus ossifragus*, et par la brièveté de la barbiche, par les dimensions un peu plus faibles au *G. barbatus atlantis*. M. C. d'Erlanger avait déjà constaté d'ailleurs que les Gypaètes de Tunisie tenaient à la fois par le plumage des Gypaètes des Alpes et des Gypaètes d'Abyssinie. Dans ces conditions, je n'ai pas cru devoir l'inscrire ici sous une rubrique particulière.

Quoi qu'il en soit, les Gypaètes ne sont pas rares en Tunisie, où M. le baron C. d'Erlanger a trouvé, dans la portion méridionale du pays, leurs aires sur le *Djebel Hattig* près de *Gafsa*, sur le *Djebel Sidi-Aich* et sur le *Djebel Freivu*, à *Kef En-Nesour*, dans le pays de Hamama. On dit que les grands Rapaces se repro-duisent également sur le *Djebel Aieicha*, l'une des montagnes qui entourent le pays de *Cegui*.

En Algérie, les Gypaètes sont moins communs, sauf dans les montagnes de l'Est, vers la frontière de la Tunisie, autour de Souk-Ahras, où M. O. Salvin les a observés. Vers le Sud, ils ne dépassent pas les oasis de Biskra et de Laghouat. Ils doivent se rencontrer aussi au Maroc, mais ils ne sont pas mentionnés dans les listes de M. C. F. Tyrwhitt Drake, de M. Munn et de M. J. L. S. Whitaker.

FALCONIDÉS.

AQUILINÉS.

4. Aquila chrysaetus.

Falco chrysaetus Linné *Syst. Nat.* [1766], 1, 125. — *Aquila chrysaetus* O. Salvin *Ibis* [1859], 180; C. J. Tyrwhitt Drake *Ibis* [1867], 423; A. Kœnig *Journ. f. Ornith.* [1892], 293; J. J. S. Whitaker *Ibis* [1894], 96; C. von Erlanger *Journ. f. Ornith.* [1898], 412, n° 9; G. Talamon *Ornis* [1904], XII, 584, n° 1. — *Aquila fulva* Loche *Expl. scient. Algérie, Zool. Oiseaux* [1867], I, 18; St. Alessi *Journ. f. Ornith.* [1892], 316. — *Agab-el-Lorr* (von Erl.).

Le Muséum d'histoire naturelle a reçu en 1891, de M. Kunckel d'Herculais, un spécimen provenant du cercle de Tiaret (Algérie), de cette espèce d'Aigle, que M. le commandant Loche a rencontré il y a une cinquantaine d'années dans les trois départements de l'Algérie et dont il a donné, à cette époque, deux sujets vivants à la ménagerie du Jardin des Plantes.

Dans l'automne de 1897, M. G. Talamon a donné plusieurs individus isolés d'*Aquila chrysaetus*, tués aux environs du cap Bon.

M. le baron C. d'Erlanger a remarqué que l'Aigle doré était beaucoup plus répandu dans le Nord que dans le Sud de la Tunisie, où il était en partie remplacé par l'Aigle Bonelli, et que la même chose se produisait en Algérie. Il a cependant noté l'emplacement de trois aires d'*Aquila chrysaetus* situées dans la Tunisie méridionale, l'une sur le *Djebel Souenia*, l'autre sur le *Djebel Guetar*, près *Gafsa* et le troisième sur le *Djebel Sidi-Ali-ben-Aoun*.

D'après M. C. J. Tyrwhitt Drake, les Aigles dorés nichent aussi en petit nombre aux environs de Tétouan (Maroc).

5. Aquila rapax var. albicans.

Aquilaa lbicans Rüppell *Neue Wirbelthiere*, I, 33 et pl. 13. — *Aquila naevioides* O. Salvin *Ibis* [1859], 181; Loche *Expl. scient. Algérie, Zool., Oiseaux* [1867] I, 24. — *Falco belisarius* Levaillant jun. *Expl. scient. Algérie, Zool. Oiseaux*, Atlas, pl. 2. — *Aquila rapax* subsp. *albicans* J. H. Gurney *Ibis* [1877], 224 et *List of the diurna Birds of Prey* [1884], 56; C. von Erlanger *Journ. f. Ornith.* [1898], 418, n° 29, pl. VII; Sushkin *Bull. Brit. Orn. Club*, n° LXXIV [oct. 1900], 7. — *Saer-el-Arneb* (von Erl.).

Outre le type du *Falco belisarius*, pris aux environs de Guelma et donné par M. le commandant Levaillant, le Muséum d'histoire naturelle possède dans ses galeries la dépouille montée d'un autre Aigle ravisseur, qui avait été capturé également en Algérie et donné en 1840 par le duc d'Orléans à la ménagerie du Jardin des Plantes, où l'oiseau vécut jusqu'en 1853. Après les avoir comparés à divers spécimens de la même collection provenant, les uns d'Abyssinie (Schimper, 1850) ou de la région du Nil Blanc (d'Arnaud, 1854), d'autres du Çomal (Révoil, 1881), d'autres du Sénégal (types du *Falco senegalus* ou *Aquila senegalla* Cuvier), d'autres de l'Afrique australe (Delaborde, 1820, et coll. Boucard), je crois pouvoir les rapporter, avec les exemplaires d'Abyssinie et du Çomal ci-dessus mentionnés, à la race que Rüppell a désignée sous le nom d'*albicans* et qui a été admise par M. J. H. Gurney, par M. C. d'Erlanger et par M. le Dr Sushkin, le Dr R. B. Sharpe [1] et M. A. Reichenow [2] ayant au contraire réuni complètement l'*Aquila albicans* à l'*A. rapax*.

Contrairement à ce que pensait le commandant Loche, le type du *Falco belisarius* est un jeune individu, en premier plumage, et non un très vieil individu. Il est identique à l'oiseau figuré par M. C. d'Erlanger (*loc. cit.*, pl. VII) et provenant des environs immédiats d'*Aïn-bou-Driès*. Ce naturaliste n'a jamais observé en Tunisie l'*Aquila rapax* var. *albicans* au nord de l'Atlas, et comme les oiseaux de cette variété qui avaient été obtenus soit par le commandant Loche, soit par le Dr Rebond provenaient de Guelma, de Boghar et de Djelfa, c'est-à-dire du Tell, on peut admettre, avec M. d'Erlanger, qu'en Algérie et en Tunisie l'*Aquila rapax albicans* ne franchit par la chaîne de l'Atlas et reste complètement étranger à la zone désertique.

[1] *Cat. Birds Brit. Museum*, 1874, I, p. 243.
[2] *Die Vögel Afrikas*, 1901, I, 2ᵉ part., p. 587 et 588.

6. Nisaetus fasciatus.

Aquila fasciata Vieillot *Mém. Soc. Linn. Paris* [1822], 152. — *Falco Bonellii* Temminck
Planches color. [1824], I, pl. 288. — *Aquila Bonelli* O. Salvin *Ibis* [1859], 182;
C. J. Tyrwhitt Drake *Ibis* [1867], 423. — *Pseudaetus Bonellii* Loche *Expl. scient.
Algérie, Zool. Oiseaux* [1867], I, 29. — *Aquila Bonellii* A. Kœnig *Journ. f. Ornith.*
[1892], 338. — *Nisaetus fasciatus* P. W. Munn *Ibis* [1897], 56. — J. I. S. Whitaker
On Tunisian Birds, Ibis [1898], 126; C. von Erlanger *Journ. f. Ornith.* [1898], 424,
n° 10; G. Talamon *Ornis* [1904], XII, 583, n° 2. — *Agab* (von Erl.).

Aucun exemplaire de *Nisaetus fasciatus*, venant de Tunisie, ne figure dans les
collections du Muséum d'histoire naturelle, qui possède en revanche plusieurs
spécimens de cette espèce pris en Algérie par M. le comte Ogier en 1857, et par
M. le commandant Loche en 1859 et en 1860. Les Aigles Bonelli sont cependant
fort répandus en Tunisie où, d'après M. G. Talamon, ils sont sédentaires dans la
région de *Bizerte*. M. le baron C. d'Erlanger les a rencontrés principalement sur
les chaînes de montagnes arides au sud de l'Atlas et il a observé fréquemment les
aires de ces Rapaces placées sur des plaines rocheuses. D'après ce naturaliste, ces
mêmes Aigles seraient aussi beaucoup plus communs dans le Sud de l'Algérie que
dans le Nord; cependant c'est dans cette dernière région, dans les plaines du Chélif
et de la Mitidja et à Teniet-el-Had, que M. Loche avait obtenu la plupart des
individus dont il fait mention dans la partie zoologique de l'*Exploration scientifique
de l'Algérie*.

Le *Nisaetus fasciatus* a été signalé aussi au cap Negro, près de Tétouan, et au
cap Spartel, dans le Maroc, par M. P. W. Munn[1] et par M. C. J. Tyrwith Drake,
d'après lequel il nicherait même dans les deux dernières localités. Il se trouve du
reste sur tout le pourtour du bassin méditerranéen et s'avance jusque dans l'Inde.

BUTÉONINÉS.

7. Buteo cirtensis.

Buteo tachardus O. Salvin *Ibis* [1859], 183. — *Buteo cirtensis* Ch. L. Bonaparte *Tabl.
des Oiseaux de proie, Rev. et Mag. de Zoologie* [1854], 532, n° 67. — *Falco cirtensis*
Levaillant jun. *in* Loche *Expl. scient. Algérie, Zool. Oiseaux* [1867], Atlas, pl. 3. —
Buteo cirtensis Loche *ibid.*, texte, p. 44. — *Buteo desertorum* R. B. Sharpe *Cat. Birds
Brit. Museum* [1874], 179 part.; Kœnig *Journ. f. Ornith.* [1892], 346; Whitaker
Ibis [1893], 103. — *Buteo cirtensis* C. von Erlanger *Journ. f. Ornith.* [1898], 408,
n° 7. — G. Talamon *Ornis* [1900], XII, 583, n° 4. — *Buteo desertorum* J. W. Munn,
Ibis [1897], 58; J. I. S. Whitaker *Ibis* [1898], 608. — *Baffa* (Erl.).

Quoique beaucoup d'auteurs modernes assimilent le *Buteo cirtensis* Lev. au
Buteo desertorum Daudin et soient ainsi conduits à assigner à l'espèce une aire
d'habitat embrassant toute l'Afrique, l'Europe méridionale et la péninsule

[1] *Ibis.* 1897, p. 58.

indienne, je crois qu'il est préférable de désigner sous un nom particulier, au moins à titre de race, la forme du Nord de l'Afrique, dont j'ai eu sous les yeux un assez grand nombre d'exemplaires provenant de la Tunisie, de l'Algérie ou du Maroc, et qui présentent certaines différences avec les Buses des déserts originaires de l'Afrique australe ou de l'Inde.

Un mâle et une femelle de *Buteo cirtensis* tués par M. R. Germain, l'un dans la province d'Oran, l'autre aux environs de Milianah, sont de teintes beaucoup plus pâles que l'Oiseau figuré par Levaillant. Le premier a les plumes des jambes d'un blanc nuancé de fauve avec quelques stries longitudinales brunâtres, et la queue rousse avec quelques stries transversales brunes dans sa moitié terminale. Le second a les plumes des jambes d'un roux vif, presque uniforme, et la queue d'un roux plus clair, sans taches ni raies. Ces individus ne diffèrent pas sensiblement des deux sujets que M. Talamon a tués en Tunisie et que j'ai eu l'occasion d'examiner. Enfin divers spécimens obtenus au Maroc l'un par M. le vicomte de Bojano en 1892, les autres en septembre, octobre et décembre 1902 et février 1903 par M. G. Buchet offrent des plumages très divers, le manteau étant plus ou moins nuancé de roux, la poitrine étant marquée soit de raies fines, soit de raies assez larges ou de gouttelettes, les jambes étant colorées en brun roux presque uniforme ou en roux vif rayé de brun, la queue variant du gris au roux et au brunâtre avec des bandes transversales plus ou moins accusées, etc. Quant à la longueur de l'aile, elle oscille entre 39 cent. 5 et 35 cent. 5, descendant parfois au-dessous de la dimension la plus faible notée par M. C. d'Erlanger avec les spécimens qu'il a obtenus en Tunisie, principalement sur le *Djebel Sidi-Ali-ben-Aoun* et ses contreforts.

Le *Buteo cirtensis* se rencontre dans toute la Tunisie, principalement sur les falaises des montagnes de faible altitude, où, d'après M. d'Erlanger, il établit au commencement d'avril son aire, à une hauteur qui parfois ne dépasse pas 1 ou 2 mètres. Des œufs de cette espèce ou de cette race, qui ont été recueillis en Algérie par M. Delago, en 1854, sont d'un blanc sale, parsemés de quelques taches et stries brunes et grisâtres, et mesurent de 51 à 53 centimètres sur 42 à 44 centimètres et sont sensiblement plus petits non seulement que des œufs de *Buteo vulgaris* recueillis en France, mais encore que les œufs de *Buteo cirtensis* mesurés par M. C. d'Erlanger.

Dans ses *Nouvelles Contributions* à la faune ornithologique de la Tunisie[1], M. le Dr Kœnig cite, à côté de la Buse des déserts (*Buteo desertorum* ou *cirtensis*), deux autres espèces de Buses : la Buse vulgaire (*Buteo vulgaris*) et la Buse féroce (*Buteo ferox*), qu'il n'a pas observées lui-même à l'état sauvage, mais dont il a acquis des dépouilles de M. Blanc, naturaliste à Tunis; mais quelque confiance que j'aie dans les déterminations du Dr Kœnig, j'hésite un peu à admettre ces deux espèces dans mon Catalogue, étant données les grandes ressemblances qu'offrent certains spécimens de la Buse vulgaire, à livrée claire, avec des spécimens de Buse des déserts[2], et certains spécimens de Buse des déserts avec des exemplaires de la

---

[1] *Zweiter Beitrag zur Avifauna von Tunis*, Journ. f. Ornith., 1892, p. 346.
[2] Voir Dresser, *A History of the Birds of Europe*, t. V, p. 449, 457 et 463.

Buse féroce, qui se trouve plutôt dans le Nord-Est de l'Afrique, dans l'Asie centrale et dans l'Inde qu'en Barbarie, quoique M. J. H. Gurney cite [1] un spécimen de *Buteo ferox* obtenu par M. le chanoine Tristram à El-Tarf, sur la frontière orientale de l'Algérie.

Pour ce qui concerne ce dernier pays, M. le D^r Kœnig a reconnu lui-même [2] que l'Oiseau désigné sous le nom de *Buteo ferox* était un *Buteo desertorum* et il n'a jamais rencontré dans le cours de ses explorations le *Buteo vulgaris*. Il suffit de lire, d'autre part, l'article consacré au *Buteo vulgaris* dans la partie ornithologique de l'*Exploration scientifique de l'Algérie* [3], pour voir qu'il a été rédigé plutôt avec des extraits de Buffon que d'après des observations personnelles. Je dois dire, cependant, qu'il existe dans l'ancienne collection du Musée algérien qui se trouvait au Palais de l'Industrie, à Paris, et qui a été remise au Muséum, une Buse, indiquée comme ayant été tuée en Algérie, et qui *est peut-être* une Buse vulgaire. En tous cas, si le *Buteo vulgaris* et le *B. ferox* se montrent en Algérie, ce ne doit pas être *communément*, comme le dit le commandant Loche, mais de rare en rare. Il doit en être de même en Tunisie, au moins pour cette espèce, sinon pour le *Buteo ferox*.

FALCONINÉS.

8. Falco barbarus.

Falco barbarus Linné *Syst. Nat.* [1766], I, 125; O. Salvin *Ibis* [1859], 184 et pl. VI; R. B. Sharpe *Cat. Birds Brit. Museum* [1874], I, 386; C. von Erlanger *Journ. f. Ornith.* [1898], 453, n° 18; J. J. S. Whitaker *Ibis* [1898], 608. — *Falco punicus* Levaillant jun. *Expl. scient. Algérie, Zool. Oiseaux* [1867], Atlas, pl. I. — ? *Falco peregrinus* C. J. Tyrwhitt Drake *Ibis* [1867], 424 (*nec* Linné). — *Gennaja barbara* Loche, *ibid.*, texte, I, 55. — *Tuev-el-Lorr* (von Erl.). — *Bournee* ou *Bourni* (Tristram et Salvin).

D'après M. O. Salvin, la partie orientale de la chaîne de l'Atlas serait la véritable patrie de cette espèce, qui correspondrait au *Tartaret* des anciens fauconniers et à l'*Accipiter falco tunetanus* de Brisson (*Ornith.* [1763], I, 343, mais qui paraît avoir été souvent confondue par les Arabes, sous le nom de *Bournee* ou *Bourni*, avec le *Falco Feldeggi*. Ce dernier est beaucoup plus répandu en Tunisie que le *F. barbarus*, dont je n'ai sous les yeux aucun spécimen pris dans ce pays, mais seulement des exemplaires tués en Algérie par le commandant Loche, en 1860, aux îles du Cap-Vert par M. Bouvier, en 1868, et au Maroc, sur les bords de l'Oued Jondion, près Tanger, par M. G. Buchet, au mois de juillet 1902.

Le sujet obtenu par ce dernier voyageur est plus jeune encore que l'individu figuré dans l'atlas de l'*Exploration scientifique de l'Algérie*, car il a le manteau d'un brun foncé avec des bordures rousses aux plumes dorsales et aux courbures des ailes, sans aucune trace de gris, et, quoiqu'il ne porte aucune indication de

[1] *A list of the Diurnal Birds of Prey*, 1884, p. 62, note.
[2] *Beiträge zur ... Oiseaux Algériens, Journ. f. Ornith.*, 1894, p. 160.
[3] P. 41.

sexe, je suis porté à croire que c'est une femelle. En effet, il a près de 44 cent. 5 de long, et son aile mesure 32 cent. 5, sa queue 19 centimètres, tandis que chez un jeune mâle obtenu par M. le baron d'Erlanger aux environs de l'oasis de *Gabès*, la longueur totale n'était que de 41 centimètres, la longueur de l'aile de 36 cent. 5 et celle de la queue de 18 cent. 5. Les dimensions des deux sujets tués par M. O. Salvin dans les montagnes au sud de Souk-Ahras (province de Constantine) sont encore plus faibles, quoique ces Oiseaux aient été, peut-être à tort, considérés comme des femelles. Ici les couleurs sont beaucoup plus claires et la livrée est celle de l'adulte : manteau gris et noir et ventre rougeâtre, avec des stries seulement sur les flancs, au lieu des larges et nombreuses flammèches noirâtres qui se détachent sur un fond d'un roux vineux chez l'oiseau tué au Maroc par M. Buchet.

C'est sans doute au *Falco barbarus* qu'il faut rapporter les soi-disant Faucons pèlerins que M. C. F. Tyrwhitt Drake a trouvés nichant communément dans les montagnes du Maroc.

9. Falco Feldeggi.

Falco Feldeggi Schlegel *Abhandl. Geb. Zool.* [1841], 3, pl. 10 et 11; R. B. Sharpe *Cat. Birds Brit. Museum* [1874], I, 389; Kœnig, *Journ. f. Ornith.* [1888], 154 et [1892], 341; Whitaker *Ibis* [1895], 103. — *Falco barbarus* O. Salvin *Ibis* [1859], 186. – *Gennaja lanarius* Loche *Expl. scient. Algérie, Zool. Oiseaux* [1867], 53. — *Falco lanarius* C. F. Tyrwhitt Drake *Ibis* [1867], 224. — *Falco Feldeggi* C. von Erlanger *Journ. f. Ornith.* [1898], 455, n° 19 et pl. IX. — *Burni* à Gabès (Erl.) et *Taev-e-Djid*, aux environs de Gafsa, (von Erl.). — *Agdob-el-Hor* (Kœnig) [1].

Le Faucon de Feldegg, qui a été parfois confondu avec le Lanier, se rencontre sur tout le pourtour du bassin méditerranéen et s'avance parfois du côté du Nord jusque dans l'Europe centrale et du côté du Sud-Est jusque sur les bords de la mer Rouge. Les collections du Muséum d'histoire naturelle renferment un exemplaire de cette espèce pris à Obock par M. Maurice Maindron, il y a une dizaine d'années; un autre spécimen rapporté d'Égypte par MM. James et Joannis, en 1834; plusieurs individus tués en Algérie par le colonel Dumont, M. Jackson et M. P. A. Pichot, et la dépouille d'un individu pris en Tunisie et ayant vécu quelque temps à la Ménagerie du Jardin des Plantes. Il n'y a entre ces sujets que les différences habituelles de dimensions et de plumage qui dépendent de l'âge ou du sexe.

En Tunisie, d'après M. d'Erlanger, le *Falco Feldeggi* est de tous les Faucons celui qu'on rencontre le plus fréquemment. Il niche sur les rochers des montagnes arides de la Tunisie méridionale.

Un Faucon apprivoisé, pris à Tétouan, que M. C. F. Tyrwhitt Drake a eu l'occasion de voir, appartenait peut-être à cette espèce.

---

[1] Ce nom arabe est indiqué par M. C. d'Erlanger comme s'appliquant à une tout autre espèce, à l'*Aquila chrysaetus*.

10. Falco subbuteo.

Falco subbuteo Linné *Syst. Nat.* [1766], I, 127; C. F. Tyrwhitt Drake *Ibis* [1867], 424;
Whitaker *Ibis* [1895], 104. — *Hypotriorchis subbuteo* Loche *Expl. scient. Algérie, Zool.
Oiseaux* [1867], I, 62. — *Falco gracilis* Ch. L. Brehm *Vogelfang* [1855], n° 27; A. Brehm
Naumannia [1886], VI, 232 et pl. II. — *Hypotriorchis horus* Heuglin *Ibis* [1860],
409 et *Ornith. N. O. Africas* [1869], I, 34. — *Falco subbuteo gracilis* C. von Erlanger
Journ. f. Ornith. [1898], 461, n° 20 et pl. X. — *Tholea* (Erl.). — *E-Aram*
(Loche).

M. le baron d'Erlanger a cru remarquer que les Faucons hobereaux de l'Afrique
septentrionale et notamment ceux qu'il a trouvés nichant à *Aïn-bou-Driès*, en
Tunisie, et dont il a obtenu plusieurs spécimens, mâles et femelles, étaient constamment de teintes plus claires que les Faucons hobereaux provenant de diverses
localités d'Europe, et il les a attribués à la forme que Ch. L. Brehm a désignée
sous le nom de *Falco gracilis* et von Heuglin sous le nom de *Falco horus*. Et en
effet, en comparant les deux planches qui accompagnent le Mémoire de M. d'Erlanger, et dont l'une représente des *Falco subbuteo* de l'Allemagne occidentale, et
l'autre des *F. subbuteo* de Tunisie, on constate immédiatement que ceux-ci ont le
dessus de la tête et le manteau de nuances un peu moins foncées, la poitrine et le
ventre marqués de stries noires plus étroites, couvrant par conséquent beaucoup
moins le blanc presque pur des parties inférieures du corps. Mais cette différence
n'a pas, à mon avis, toute l'importance que M. d'Erlanger lui attribue. En effet,
en examinant la nombreuse série des Hobereaux que possède le Muséum d'histoire
naturelle, et dont les uns viennent de l'Asie centrale et de la Sibérie, d'autres
de Grèce ou du Mont Liban, d'autres de diverses localités de France, etc., j'ai
remarqué que les taches des parties inférieures acquéraient plus ou moins d'importance, suivant l'âge, l'habitat des individus, la saison où ils ont été tués, sans
qu'il fût possible de tracer des limites nettes entre ces variations. Quelques individus originaires de France, et bien adultes, portent une livrée presque aussi
claire que les Hobereaux de Tunisie figurés par M. d'Erlanger, et en revanche
un Hobereau tué dans cette dernière contrée au mois de mars, et acquis de
M. Blanc, portait un costume foncé, et il est probable, d'ailleurs, que dans cette
espèce, comme chez les *Falco peregrinus Feldeggi*, les raies longitudinales se
rétrécissent un peu avec l'âge. Je n'ai donc pas cru devoir conserver ici la race
indiquée par M. d'Erlanger.

Les Faucons hobereaux sont très communs en Algérie comme en Tunisie.
M. C. F. Tyrwhitt Drake en a vu deux fois près du cap Negro, au Maroc.

11. Falco Eleonorae.

Falco Eleonorae Géné *Revue zoologique* [1839], 105 et *Mém. R. Acad. Tor.*, série 4 [1840], II, pl. 1 a et 2; Whitaker *Ibis* [1898], 116; G. Talamon *Ornis* [1900], XII, 583, n° 5. — *Hypotriorchis Eleonorae* Loche *Expl. scient. Algérie, Zool. Oiseaux* [1867], I, 60. — *Falco Eleonorae* C. von Erlanger *Journ. f. Ornith.* [1898], 466, n° 21.

Je n'ai eu sous les yeux qu'un seul sujet de cette espèce venant de Tunisie, à savoir une femelle faisant partie d'un couple tué en mai 1900, dans la région des *Mogod*, par M. G. Talamon, qui a obtenu également un sujet dans la région de *Bizerte*, en juin 1902. Tous les exemplaires que le Muséum possède sont originaires de Provence ou d'Italie. Le commandant Loche signale le *Falco Eleonorae*, comme se trouvant dans la province de Constantine et sur la frontière de la Tunisie, et M. le baron d'Erlanger a acquis de M. Blanc, naturaliste à Tunis, un spécimen pris au printemps de 1897 aux environs de cette ville. En tous cas, les Faucons d'Éléonore ne doivent pas être communs en Tunisie, peut-être même ne s'y montrent-ils qu'à certaines saisons. Ils n'ont pas encore, à ma connaissance, été signalés au Maroc; mais dans l'Est de l'Algérie, ils doivent être beaucoup plus communs que ne le croyait M. Loche, au moins au moment des passages, puisque le 16 mai 1882 M. Dixon a observé au-dessus de la plaine ondoyante qui s'étend au sud-est de Philippeville, environ 90 de ces Faucons volant en groupes à la poursuite des Insectes. Mais la véritable patrie du *Falco Eleonorae* est en Sardaigne, où il niche, et en Grèce. Quant aux deux individus qui ont été tués dans les parages de Madagascar et à l'île de la Réunion, c'étaient des individus égarés hors de la zone ordinaire de leur migration.

Dans leur *Ornithologie européenne* [1], Degland et Gerbe citent le Faucon concolore [2] comme ayant été observé en Tunisie. N'y aurait-il pas ici quelque confusion avec le Faucon d'Éléonore, de même que dans la partie ornithologique de l'*Exploration scientifique de l'Algérie*, où le commandant Loche indique [3] le *Falco concolore* comme se trouvant peu communément dans la province de Constantine?

12. Falco regulus.

Falco regulus Pallas *Reis. Russ. Reichs.* [1773], II, Anh. 707. — *Falco lithofalco, F. aesalon* et *F. regulus* Gmelin *Syst. Nat.* [1788], I, 278, 284 et 285. — *Falco regulus* R. B. Sharpe *Cat. Birds Brit. Museum* [1874], I, 406; G. Talamon *Ornis* [1904], XII, 584, n° 7. — *Falco aesalon* A. Kœnig *Journ. f. Ornith.* [1893], 341.

J'ai eu sous les yeux une femelle de cette espèce tuée au mois de juillet 1902 à *El-Alia*, dans la région de *Bizerte*, par M. G. Talamon. M. le D^r Kœnig possède une autre femelle tuée à *Mahdia* par Alessi. Ce sont les seuls exemplaires de

---

[1] 2e édit. [1867], I, p. 88.
[2] *Falco concolor* Temminck, planches coloriées [1825], texte de 4 pl., p. 330; R. B. Sharpe, *Cat. Birds Brit. Museum*, 1874, I, p. 405.
[3] *Oiseaux*, I, p. 62.

Falco regulus, qui, à notre connaissance, aient été jamais obtenus en Tunisie; où le Faucon rochier n'a pas été rencontré par M. le baron d'Erlanger.

En Algérie, les Faucons rochiers sont beaucoup plus répandus, surtout dans les localités boisées, et ont été observés, dans la saison des nichées, par M. Loche, en Kabylie et aux environs de Bogbar. D'après ces naturalistes, ils doivent être sédentaires dans ce pays, quoiqu'ils se montrent plus fréquemment au printemps ou en automne.

Je ne sais si l'on en trouve au Maroc. Les domaines de ces petits Faucons s'étendent plutôt à travers l'Europe, le Nord de l'Asie, l'Inde et la Chine. C'est de ces dernières contrées que proviennent les spécimens qui figurent dans les collections du Muséum d'histoire naturelle de Paris et du British Museum.

13. Falco vespertinus.

Falco vespertinus Linné *Syst. Nat.* [1766], I, 129. — *Erythropus vespertinus* Loche *Expl. scient. Algérie, Zool. Oiseaux* [1867], I, 67 ; A. Kœnig *Journ. f. Ornith.* [1888], 154 et [1892], 340. — *Falco vespertinus* C. von Erlanger *Journ. f. Ornith.* [1898], 475, n° 24; G. Talamon *Ornis* [1904], XII, 584, n° 6. — *Bouchrada* (von Erl.).

Le Faucon kobez qui, d'après le commandant Loche, est assez répandu en Algérie, sur le littoral, dans le voisinage des lacs et des étangs, où il niche au milieu des broussailles et des roseaux, se rencontre aussi en Tunisie, mais moins fréquemment et principalement, sinon exclusivement, à la fin d'avril et de mai. C'est à cette époque que M. le D^r Kœnig l'a observé, d'abord aux environs de *Rades* et ensuite près du village de *Bou-Merdès*, sur la route de Monastir à El-Djem, et c'est aussi en mai qu'avaient été tués les individus mâles et femelles dont M. Blanc a cédé les dépouilles à M. le D^r Kœnig et à M. le baron C. d'Erlanger. Il est probable qu'ils suivent les bandes de Criquets dans leurs déplacements.

Les collections du Muséum d'histoire naturelle renferment, à côté de spécimens de *Falco vespertinus* pris en Crimée et en Italie, un spécimen provenant de l'ancien Musée algérien du Palais de l'Industrie, deux autres sujets bien adultes, originaires de Tunisie, et ayant figuré à l'Exposition universelle de 1889, et une femelle, tuée en Tunisie, et acquise de M. Blanc. Ces sujets sont identiques à un mâle tué en 1902, à 25 kilomètres de *Tunis*, par M. G. Talamon.

14. Falco tinnunculus.

Falco tinnunculus Linné *Syst. Nat.* [1766], I, 127. — *Tinnunculus alaudarius* Loche *Expl. scient. Algérie, Zoolog. Oiseaux* [1867], I, p. 65 ; O. Salvin *Ibis* [1859], 189. — C. F. Tyrwhitt Drake, *Ibis* [1867], 424. — *Cerchneis tinnunculus* A. Kœnig *Journ. f. Ornith.* [1888], 152 et [1892], 340. — *Falco tinnunculus* Whitaker *Ibis* [1894], 96 et [1898], 608 ; P. W. Munn *Ibis* [1897], 58; C. von Erlanger *Journ. f. Ornith.* [1898], 467. n° 22 ; G. Talamon *Ornis* [1904] XII, 595, n° 8. — *Bouchrada* (Erl.). — *Buschrada* (Kœnig). — *Boudjerada* (Ducouret).

Le Muséum d'histoire naturelle a reçu, il y a une douzaine d'années, la dépouille d'un individu de cette espèce, pris en Tunisie, et le spécimen qui avait figuré à l'Exposition universelle de 1889 ne différait en rien des nombreux exemplaires de *Falco tinnunculus* que le Muséum avait reçus antérieurement d'Algérie, du Soudan, du Sénégal, de Syrie, d'Italie, de diverses localités de France. A cette série déjà très nombreuse, sont venus s'ajouter depuis d'autres spécimens faisant partie de la collection Marmottan, et, tout récemment, plusieurs individus des deux sexes pris par M. G. Buchet, au Maroc, où, d'après M. C. F. Tyrwhitt Drake, les *Falco tinnunculus* sont très communs.

Dans ce dernier pays, la Cresserelle se rencontre non seulement au printemps, saison où ont été tués les individus mentionnés par M. P. W. Munn [1] et M. J. I. S. Whitaker [2], mais en été et en hiver, saisons où ont été obtenus les spécimens envoyés récemment au Muséum par M. G. Buchet. Il est donc probable que l'espèce se reproduit au Maroc, comme en Algérie et comme en Tunisie, pays où le commandant Loche, le D^r Kœnig et le baron d'Erlanger l'ont observée plus communément que toute autre espèce de Rapaces.

D'après M. G. Thalamon, un nombreux passage de Cresserelles a eu lieu au *cap Bon*, en 1897. On les voyait par centaines planer au-dessus des grandes plaines, où ils se livraient à la chasse des Lézards et des Insectes, et ils se laissaient approcher à 7 ou 8 mètres.

Parmi les localités de la Tunisie où les Cresserelles ont été rencontrées par le D^r Kœnig, le baron d'Erlanger et ses chasseurs, je relève les suivantes : *Monastir, El-Djem*, bord des lagunes entre *El-Skirta* et *Maharès*, versant méridional des monts *Sidi-Ali-ben-Aoun*, *Djebel el-Meda*, près *Gabès*, montagnes des environs de *Gafsa*, etc. Ces Faucons nichent sur divers points du Nord et du Sud de la Tunisie, et se montrent isolément jusqu'en plein désert.

D'après le D^r Kœnig, le nom de *Bouchrada* ou de *Boudjerada*, comme l'orthographie le colonel Ducouret, est appliqué par les Arabes non seulement au *Falco tinnunculus*, mais à d'autres oiseaux du même groupe.

15. Falco cenchris.

Falco cenchris Naumann *Vögel Deutschl.* [1822], I, 322. — *Falco Naumanni* R. B. Sharpe *Cat. Birds Brit. Museum* [1873], I, 435 (*ex* Fleisch); G. Talamon *Ornis* [1904], XII, 584, n° 9. — *Tinnunculus cenchris* Loche *Expl. scient. Algérie, Zool. Oiseaux* [1867], I, 65. — C. F. Tyrwhitt Drake *Ibis* [1867], 424. — *Cerchneis cenchris* A. Kœnig *Journ. f. Ornith.* [1888], 153 et [1892], 340. — *Falco cenchris* Whitaker *Ibis* [1894], 96 et [1898], 608; P. W. Munn *Ibis* [1897], 58. — *Falco Naumanni* C. von Erlanger *Journ. f. Ornith.* [1898], 471, n° 23. — *Bouchrada* (Erl.).

Les Faucons Cresserellettes sont beaucoup moins répandus dans le Sud de la Tunisie, où cependant ils ont été rencontrés par M. le D^r Kœnig, dans les ruines de l'amphithéâtre d'*El-Djem*, et par M. le baron d'Erlanger, au mois d'avril de 1892, sur les bords de l'*Oued Peschima*, que dans le Nord du même pays, où ils ont été fréquemment observés par ces deux naturalistes et par M. J. S. Whitaker, et où ils nichent dans les falaises et les berges escarpées du lit des cours d'eau,

[1] *Ibis*, 1897, p. 58.
[2] *Ibis*, 1898, p. 608.

parfois dans le voisinage immédiat des Étourneaux unicolores et des Pigeons bisets. Quelques Cresserellettes étaient mêlées aux troupes de Cresserelles que M. G. Talamon observa au *cap Bon* en 1897.

M. d'Erlanger croit que c'est par erreur que le commandant Loche a indiqué le *Falco cenchris* comme habitant le *Sud* de l'Algérie. Le fait est que le seul exemplaire mentionné par M. Loche dans son *Catalogue des Mammifères et Oiseaux observés en Algérie* [1] et donné par lui à l'Exposition permanente des produits de l'Algérie, installée à Alger, est un mâle provenant de Boghar. Il est donc probable que, comme le dit M. d'Erlanger, en Algérie comme en Tunisie, le *Falco cenchris* fréquente surtout les régions situées au nord de l'Atlas. C'est là qu'il a été observé par Taczanowski. Au Maroc, il niche dans certaines localités et n'est que de passage dans d'autres.

Les collections du Muséum d'histoire naturelle renferment un mâle de cette espèce tué en Tunisie et acquis de M. Blanc, un autre mâle, provenant d'Algérie, mais sans indication précise de localité, et ayant fait partie de l'ancien Musée algérien, et un troisième individu du même sexe, tué dans le ravin de Constantine le 8 avril 1881 et ayant appartenu à l'ancienne collection du D\u1d63 Marmottan. Ces individus ne diffèrent pas des sujets de Grèce et d'Asie Mineure qui figurent dans les galeries du Muséum. J'en dirai autant d'un mâle tué aux environs de *Bizerte*, en juin 1902, par M. G. Talamon, et soumis à mon examen.

CIRCAETINÉS.

16. Circaetus gallicus.

Le Jean le Blanc Brisson *Ornithologie* [1770], I, 443; Daubenton, *Planches enl. de Buffon*, t. I, pl. 413. — *Falco gallicus* Gmelin *Syst. Nat.* [1788], I, 295. — *Circaetus gallicus* R. B. Sharpe *Cat. Birds Brit. Museum* [1874], I, 280; Loche, *Expl. scient. d'Algérie*, *Zool. Oiseaux* [1867], I, 38; O. Salvin *Ibis* [1859], 182; C. von Erlanger *Journ. f. Ornith.* [1898], 436, n° 15; G. Talamon *Ornis* [1904], XII, 583, n° 3. — *Agrab* (Erl.). — *Ograb* (Loche). — *Hogard abiad* ou Aigle Blanc (Salvin).

M. le baron C. d'Erlanger a fait d'intéressantes observations sur la distribution géographique, les mœurs et la modification de cette espèce qu'il a rencontrée bien plus fréquemment dans les régions boisées du Nord de la Tunisie que dans les régions arides du Sud. Les Circaètes sont particulièrement communs, dit-il, dans les forêts de pins d'Alep auprès de la source de *Bou-Driès*, et dans les forêts de chênes verts d'*Aïn-Draham* : il en a vu cependant au sud de l'Atlas, près du *Djebel Sidi-Ali-ben-Aoun*, le 7 avril 1897.

Dans le Nord de la Tunisie, le *Circaetus gallicus* a été observé également par M. G. Talamon, dans les forêts des *Mogod*, où il niche, et par M. O. Salvin auprès du village arabe de *Testour*, entre *El-Kef* et *Tunis*. En Algérie, l'espèce est également très répandue au nord de l'Atlas. C'est de cette région que provenait le spécimen que le Muséum d'histoire naturelle a reçu de M. Loche en 1860.

[1] P. 43, n° 26.

CIRCINÉS.

17. Circus macrurus.

Accipiter macrurus S. G. Gmelin *N. Comm. Petrop.* [1771], XV, 439 et pl. VIII et IX.
— *Falco macrurus* Gmelin *Syst. Nat.* [1758], I, 269. — *Circus Swainsonii* Smith
S. Afr. Quat. Journ. [1830], I, 384. — *Circus pallidus* Sykes *Proceed. Zool. Soc. Lond.*
[1832], 80; J. Gould *Birds of Europe* [1837], I, pl. 34; Kœnig *Journ. f. Ornith.*
[1888], 160 et [1892], 348. — *Circus macrurus* R. B. Sharpe *Cat. Birds Brit. Museum*
[1874], I, 67; J. J. S. Whitaker *Ibis* [1895], 103; C. von Erlanger *Journ. f. Ornith.*
[1898], 432, n° 12; G. Talamon *Ornis* [1904], XII, 584, n° 14. — *Strigiceps Swain-
soni* Loche *Expl. scient. Algérie, Zool. Oiseaux* [1867], I, 88. — *Saëf* (d'Erl.).

Le Muséum d'histoire naturelle ne possède aucun spécimen algérien ou tuni-
sien de cette espèce, qui, d'après le D^r Kœnig et le baron d'Erlanger, est extrêmement répandue en Tunisie où elle niche probablement, ainsi qu'en Algérie. En
Tunisie cependant c'est surtout en hiver, de novembre à avril, que les Busards
pâles sont communs; au commencement et à la fin de cette saison, on les rencontre
souvent en troupes considérables, principalement sur le *Djebel Treion* et dans
d'autres régions montagneuses, ainsi que dans les plaines près de *Gammada* et sur
l'île *Knaiss*.

18. Circus pygargus.

Falco pygargus Linné *Syst. Nat.* [1766], I, 148. — *Falco cinerarius* Montagu *Trans.
Linn. Soc.* [1807], IX, 188. — *Falco cineraceus* Temminck *Manuel d'ornith.* [1820],
I, 76; Werner *Atlas Ois. d'Europe* [1827] *Rapaces*, pl. 29. — *Strigiceps cineraceus*
Loche *Expl. scient. Algérie, Zool. Oiseaux* [1867], I, 88. — *Circus cineraceus*
C. F. Tyrwhitt Drake, *ibid.* [1867], 424. — *Circus pygargus* R. B. Sharpe *Cat. Birds
Brit. Museum* [1874], I, 64; C. von Erlanger *Journ. f. Ornith.* [1898], 434, n° 13.
G. Talamon *Ornis* [1904], XII, 514, n° 15. — *Saëf* (von Erl.).

Le Busard Montagu, que le commandant Loche a observé dans le département
d'Alger et dont Malherbe avait signalé antérieurement la présence dans le département de Constantine, existe aussi en Tunisie, où, d'après M. G. Talamon, il
serait assez commun aux environs de *Bizerte* et dans la plaine le *Mateur*.
M. d'Erlanger et la Mission d'histoire naturelle en ont d'ailleurs reçu de M. Blanc
des spécimens tués dans cette contrée. L'exemplaire du Muséum a été obtenu
au mois d'avril. L'espèce paraît être cependant, en Tunisie comme en Algérie,
beaucoup moins répandue que le *Circus macrurus*. Elle se rencontre aussi au
Maroc.

19. Circus aeruginosus.

Le Busard des Marais Brisson *Ornithologie* [1760], I, 401. — *Falco æruginosus* Linné *Syst. Nat.* [1766], I, 130. — *La Harpaye* Daubenton *Planches enl. de Buffon* [1783], I, pl. 460. — *Circus æruginosus* Savigny *Oiseaux d'Egypte* [1809], 90; Loche *Expl. scient. Algérie, Zool. Oiseaux* [1858], I, 82; O. Salvin *Ibis* [1859], 190; C. F. Tyrwhitt Drake *Ibis* [1867], 424; R. B. Sharpe *Cat. Birds Brit. Museum* [1874], I, 69; Kœnig *Journ. f. Ornith.* [1888], 160 et [1892], 348; J. L. S. Whitaker *Ibis* [1896], 98; C. von Erlanger *Journ. f. Ornith.* [1898], 435, n° 14; G. Talamon *Ornis* [1904], XII, 584, n° 12. — *Saëf* (von Erl.).

En Tunisie, comme en Algérie, les Busards des marais fréquentent surtout les bords des rivières, des marais, des étangs et des lacs. C'est là aussi qu'ils établissent leurs nids.

Ils sont particulièrement communs en mars et en novembre; mais dans certaines plaines humides on les rencontre pendant tout l'hiver et même durant toute l'année. C'est le cas, paraît-il, pour la région marécageuse voisine du *Oued-Melah*, au nord de *Gabès*, pour la plaine de *Mateur* et les environs de *Bizerte*.

Le Muséum d'histoire naturelle possède la dépouille d'un individu de cette espèce tué en Algérie par M. Buvry, qui a rencontré le *Circus aeruginosus* particulièrement sur les bords du lac Fetzara. M. C. F. Tyrwhitt Drake cite le *Circus aeruginosus* comme assez commun au Maroc, où M. Buchet a tué une femelle aux environs de Tanger, le 1er février 1903.

ACCIPITRINÉS.

20. Astur palumbarius.

L'Autour Brisson *Ornith.* [1760], I, 317; Daubenton *Planches enl. de Buffon* [1770], I, 418. — *Falco palumbarius* Linné *Syst. Nat.* [1766], I, 130. — *Astur palumbarius* Loche *Expl. scient. Algérie, Zool. Oiseaux* [1867], I, 70, n° 30; Kœnig *Journ. f. Ornith.* [1888], 140 et [1892], 286; Talamon *Ornis* [1904], XII, 584, n° 10.

M. G. Talamon a obtenu en Tunisie un jeune individu de cette espèce qui, sauf erreur, n'a été rencontrée dans ce pays ni par M. le Dr Kœnig, ni par M. le baron C. d'Erlanger ou par M. J. I. S. Whitaker, et qui ne doit s'y montrer qu'accidentellement, comme en Algérie, où Loche n'a observé également que de jeunes sujets.

21. Accipiter nisus.

L'Épervier Brisson *Ornithologie* [1760], I. 310; Daubenton *Planches enl. de Buffon* [1783], I, pl. 412 et 467. — *Falco nisus* Linné *Syst. Nat.* [1766], I, 130. — *Accipiter nisus* Loche *Expl. scient. Algérie, Zool. Oiseaux* [1867], I, 72; C. F. Tyrwhitt Drake *ibid.* [1867], 424; R. B. Sharpe *Cat. Birds Brit. Museum* [1874], I, 132; Kœnig *Journ. f. Ornith.* [1888], 152 et [1892], 340; J. I. S. Whitaker *Ibis* [1898], 608; G. Talamon *Ornis* [1904], XII, 584, n° 11. — *Accipiter nisus punicus* C. von Erlanger *Ornith. Monatsberichte* [1897], 192 et *Journ. f. Ornith.* [1898], 429 et pl. VIII. — *Tholéa* (von Erl.).

A la suite de l'Exposition universelle de 1889, le Muséum a reçu un spécimen d'*Accipiter nisus* pris en Tunisie, qui ne m'a paru différer par aucun caractère important des Éperviers d'Europe. En examinant des séries d'Éperviers de diverses contrées de l'Europe et de l'Asie, on constate d'ailleurs de légères variations de couleurs du genre de celles que M. le baron d'Erlanger a invoquées pour séparer, à titre de race distincte, sous le nom d'*Accipiter nisus punicus*, des Éperviers provenant d'*Aïn-bou-Driès*, en Tunisie. En effet, feu le prince Henri d'Orléans a rapporté au Muséum, de l'expédition qu'il avait faite avec M. Bonvalot à travers l'Asie centrale, plusieurs Éperviers des deux sexes, dont l'un, un mâle tué le 13 novembre 1899, auprès du Lob-Nor, a les raies rousses du dessous du corps aussi rapprochées, mais confondues dans une teinte rougeâtre, la gorge presque aussi blanche, le manteau presque aussi clair que le mâle figuré par M. d'Erlanger (*Journ. für Ornithologie*, 1898, pl. VIII, petite figure), tandis qu'un autre spécimen, une femelle tuée dans la même localité le 31 octobre 1889, a les raies de la poitrine un peu plus larges et plus distinctes, le sommet de la tête d'un gris plus foncé que la femelle représentée par M. d'Erlanger (*op. cit.*, pl. VIII, grande figure); le manteau en revanche était d'un gris clair. Une autre femelle, venant de Tokio (Japon) et faisant partie de la riche collection donnée au Muséum par M. Boucard, ressemble beaucoup à la femelle figurée par M. d'Erlanger, par son dos d'un gris clair et les raies de sa poitrine relativement fines et peu marquées, mais elle a le vertex d'une teinte noirâtre. Un mâle, tué à Irkoutsk par M. Chaffanjon au mois d'avril, a le manteau de nuances pâles, les bandes pectorales assez nettes; une femelle, tuée à Tatsien-lou (Setchuan) par le prince Henri d'Orléans, porte un costume assez foncé; enfin une femelle de la collection Boucard, provenant des environs de Tanger (Maroc), a la tête d'un gris noirâtre, les raies de la poitrine sont assez marquées, mais le dos est d'un gris clair et le bec relativement grêle.

Les dimensions que j'ai relevées sur des individus du même sexe de la collection du Muséum varient également dans certaines limites. Ainsi, pour les mâles, la longueur totale oscille entre 32 et 36 centimètres; celle de l'aile entre 20 et 25 centimètres; pour les femelles, la longueur totale est de 37, 38 ou 40 centimètres et la longueur de l'aile de 24, 25 ou 26 centimètres. Ces dimensions sont tantôt plus fortes, tantôt plus faibles que celles des Éperviers tunisiens mesurés par M. d'Erlanger.

On ne peut donc dire que les Éperviers tunisiens sont de taille constamment plus forte que les Éperviers d'Europe ou d'Asie. Du reste, les deux femelles de Tunisie citées par M. d'Erlanger n'ont pas exactement la même taille, les mêmes proportions. Pour toutes ces raisons, je ne crois pas devoir admettre ici la variété dite *punicus* à laquelle devaient appartenir non seulement les Éperviers de Tunisie, mais ceux du Maroc et ceux d'Algérie.

D'après M. d'Erlanger les Éperviers nichent dans les forêts de pins d'Alep qui couvrent les pentes de l'Atlas, aux environs d'*Aïn-bou-Driès* et sont beaucoup plus communs dans cette région que dans les forêts de chênes verts de la Tunisie septentrionale, au nord de *Souk-el-Arba* et d'*Aïn-Draham*. En Algérie, d'après Loche, ils sont très répandus. M. C. F. Tyrwhitt Drake dit qu'ils passent près de Tanger en mars.

MILVINÉS.

22. Milvus ictinus.

Le Milan royal Brisson *Ornithologie* [1760], I, 414 et pl. 33. — *Falco milvus* Linné *Syst. Nat.* [1766], I, 126. — *Milvus ictinus* Savigny, *Syst. Ois. d'Égypte* [1809], 259; C. F. Tyrwhitt Drake *Ibis* [1867], 424; R. B. Sharpe *Cat. Birds Brit. Mus.* [1874], I, 319; J. I. S. Whitaker *Ibis* [1898], 608. — *Milvus regalis* O. Salvin *ibid.* [1859], 183; Loche *Expl. scient. Algérie, Zool. Oiseaux* [1867], I, 76. — *Milvus milvus* C. von Erlanger *Journ. f. Ornith.* [1878], 403, n° 5. — *Hadeie* (d'Erl.). — *Essof* (Loche). — *Hadayia Lamara*, c'est-à-dire *Hadayia rouge* (Salvin).

Le Milan royal, très commun en Algérie, est rare en Tunisie, où le D^r Kœnig et M. Whitaker ne l'ont pas rencontré et où M. le baron d'Erlanger n'a pu en observer que deux individus, l'un volant au dessus des marais, près de *Souk-el-Arba*, et l'autre en captivité dans cette dernière localité.

Le Muséum ne possède aucun spécimen de *Milvus ictinus* pris en Tunisie, mais il en possède deux venant d'Algérie. En comparant ces deux sujets, dont l'un faisait partie de l'ancien Musée algérien et dont l'autre a été envoyé en 1846 au Muséum par Levaillant avec un autre exemplaire originaire du Maroc[1] et figurant dans l'ancienne collection Boucard, je ne trouve absolument aucune différence, ni dans la coloration ni dans les dimensions. Je ne puis découvrir non plus de différences notables en comparant ces oiseaux à des individus de même espèce appartenant à l'ancienne collection Marmottan, actuellement au Muséum et provenant du Crotoy, de Mestrac et d'autres localités de France. Chez ces derniers sujets, les dimensions des ailes varient légèrement, lors même qu'ils sont adultes et du même sexe. Je ne crois donc pas qu'on puisse s'appuyer sur la légère infériorité de taille que peuvent présenter certains spécimens de Barbarie pour les attribuer à une race particulière.

[1] D'après M. C. F. Tyrwhitt Drake, les Milans royaux ne sont pas rares en hiver à Tétouan. M. J. I. S. Whitaker a tué une femelle de cette espèce à Schaf-el-Akab, le 8 mars 1897.

23. Milvus korschun.

Le Milan noir Brisson *Ornithologie* [1760], I, 413; Daubenton *Planches enluminées de
Buffon*, I, pl. 472. — *Accipiter korschun* Gmelin *N. Comm. Petrop.* [1771], XV, 444.
— *Milvus ater* O. Salvin *Ibis* [1859], 184. — *Milvus korschun* R. B. Sharpe
Cat. Birds Brit. Museum [1874], I, 322. — *Milvus niger* Loche *Expl. scient. Algérie,
Zool. Oiseaux* [1867], I, 77. — *Milvus?* Kœnig *Journ. f. Ornith.* [1888], 160. —
Milvus migrans C. F. Tyrwhitt Drake *Ibis* [1867], 424; Kœnig *Journ. f. Ornith.* [1892],
346; J. I. S. Whitaker *Ibis* [1895], 103 et [1898], 608. — *Milvus korschun Reiche-
nowi* C. von Erlanger *Ornith. Monatsberichte* [1897], 192 et *Journ. f. Ornith.* [1898],
404 et pl. V. ◆- *Hadeia* (d'Erl.). — *Hadayia söda* ou *Hadayia noir* (Salvin).

Les Milans noirs, qui sont au nombre des oiseaux de proie les plus communs
en Tunisie, où ils nichent sur les rochers, dans les montagnes, ou sur les Gom-
miers, appartiendraient, suivant M. le baron C. d'Erlanger, à une race particulière
qu'il a nommée *Milvus korschun Reichenowi* et qui se distinguerait de la forme
typique par une taille plus faible, un manteau d'un brun plus foncé contrastant
plus vigoureusement avec la couleur de la nuque et du sommet de la tête, qui
serait presque blanche avec des striés foncés. Mais ces différences me paraissent
bien peu importantes. En effet, parmi les sujets qui figurent dans les galeries du
Muséum et qui proviennent de l'ancienne collection Marmottan, il en est qui ont
la tête de nuance presque aussi claire que les individus de Tunisie figurés par
M. d'Erlanger, tandis qu'un individu tué aux environs de Tanger (Maroc) par
M. Favier, et qui devrait appartenir à la même race que les Milans de Tunisie, a
la tête de nuance aussi foncée que chez des sujets européens, et notablement plus
foncée que chez un individu tué en Algérie par Levaillant.

D'autre part, les individus de même sexe, mesurés par M. d'Erlanger, n'offrent
pas tous exactement les mêmes dimensions, et l'un d'eux, une femelle tuée le
19 avril 1897 à *Kef-en-Nesour*, a l'aile exactement de même longueur (0 m. 46)
qu'une femelle de la collection Marmottan, tuée à La Teste (Gironde).

Le *Milvus korschun* est aussi très répandu en Algérie d'où le Muséum a reçu,
outre le spécimen cité ci-dessus, des exemplaires envoyés par M. Buvry et par le
commandant Loche. D'après M. C. F. Tyrwhitt Drake, il niche au Maroc, où
M. J. I. S. Whitaker en a obtenu également deux exemplaires.

24. Elanus caeruleus.

Falco cæruleus Desfontaines *Mém. Acad. R. des Sciences* [1787], 503 et pl. 15. — *Le
Blac* Levaillant *Oiseaux d'Afrique* [1799], I, 147 et pl. 36 et 37. — *Elanus caeruleus*
R. B. Sharpe *Cat. Birds Brit. Museum* [1874], I, 336; Loche *Expl. scient. Algérie,
Zool. Oiseaux* [1867], I, 80; C. F. Tyrwhitt Drake *Ibis* [1867], 424; J. I. S. Whitaker *Ibis* [1895], 103 et [1898], 608; C. von Erlanger *Journ. f. Ornith.* [1898],
402, n° 4. — *Elanus melanopterus* Salvin *Ibis* [1859], 184; Kœnig. *Journ. f. Ornith.*
[1888] 139 et [1892], 346.

L'Élanion blac, qui n'est pas, à beaucoup près, aussi répandu en Algérie que
le Milan noir, mais qui cependant s'y reproduit dans certaines localités, ne doit

pas non plus être commun en Tunisie. Le Muséum n'en possède aucun exemplaire venant de ce dernier pays, et seulement un spécimen tué en Algérie par le commandant Loche, et M. d'Erlanger ne cite dans son mémoire qu'un seul individu qu'il a acquis de M. Blanc, naturaliste à Tunis et qui avait été tué aux environs de cette ville. M. J. I. S. Whitaker mentionne de son côté un Élanion blac tué au Maroc, à El-Fouara, le 7 avril 1897. D'après M. C. J. Tyrwhitt Drake, cette espèce se reproduit d'ailleurs aux environs de Tétouan.

25. Pernis apivorus.

La Bondrée Brisson *Ornithologie* [1760], I, 410; Daubenton *Planches enluminées de Buffon*, I, pl. 420. — *Falco apivorus* Linné *Syst. Nat.* [1766], I, 130. — *Pernis apivorus* Loche *Expl. scient. Algérie, Zool., Oiseaux* [1867], I, 46; R. B. Sharpe *Cat. Birds Brit. Museum* [1874], I, 344; Kœnig. *Journ. f. Ornith.* [1888], 158 et [1892], 346; J. I. S. Whitaker *ibid.* [1896], 98; C. von Erlanger *Journ. f. Ornith.* [1898], 401, n° 3.

D'après Loche, les Buses boudrées ne se montrent qu'accidentellement en Algérie, probablement aux époques des migrations. Il doit en être de même en Tunisie, où M. d'Erlanger n'a pu en observer lui-même qu'un seul individu sur le *Djebel Souenia*, le 27 mars 1897, et où l'un de ses chasseurs tua un autre individu dans l'oasis *Kebilli*, à la fin de mai 1894. M. J. I. Whitaker n'a pas rencontré le *Pernis apivorus* au Maroc, ce qui ne veut pas dire que l'espèce ne s'y montre pas, au moins à certaines saisons.

PANDIONIDÉS.

26. Pandion haliaetus.

L'Aigle de mer Brisson *Ornithologie* [1760], I, 440. — *Le Balbuzard* Daubenton *Planches enl. de Buffon*, I. pl. 414. — *Falco haliaetus* Linné *Syst. Nat.* [1766], I, 129; Werner *Atlas Oiseaux d'Europe* [1827], pl. 19. — *Pandion haliaetus* Loche *Expl. scient. Algérie, Zool. Oiseaux* [1867], I, 37; R. B. Sharpe *Cat. Birds Brit. Museum* [1874], I, 449; Kœnig *Journ. f. Ornith.* [1892], 339; J. I. S. Whitaker *Ibis* [1895], 104; P. M. Munn *Ibis* [1897], 58; C. von Erlanger *Journ. f. Ornith.* [1898], 400, n° 2.

Des Balbuzards ont été observés fréquemment en hiver, par M. O. Salvin sur la lagune d'*El-Baheira*, près *Tunis*, par M. J. I. S. Whitaker aux environs de la même ville et par M. Spatz aux environs de *Monastir*. M. le baron C. d'Erlanger a vu de son côté un Balbuzard sur l'île *Knaiss*, le 14 novembre 1876, et M. Hilgert en a observé un autre dans le voisinage du *Djebel Sidi-Aich*, le 12 avril 1897. C'est donc en hiver que les Balbuzards se montrent en Tunisie où, d'ailleurs, ils ne sont pas plus communs qu'en Algérie. De ce dernier pays le Muséum d'histoire naturelle a reçu autrefois un exemplaire qui lui a été envoyé par le commandant Loche et qui figure dans les galeries de zoologie.

Au Maroc, les Balbuzards sont assez communs le long des côtes [1].

C. F. Tyrwhitt Drake, *Ibis*, 1867, p. 424.

RAPACES NOCTURNES.

STRIGIDÉS.

27. Strix flammea.

Strix flammea Linné *Syst. Nat.* [1766], I, 133; J. Gould *Birds of Europe* [1832], I, pl. 36; R. B. Sharpe *Cat. Birds Brit. Museum* [1875], II, 291; Loche *Expl. scient. Algérie, Zool. Oiseaux* [1867], I, 91; Kœnig *Journ. f. Ornith.* [1888], 164 et [1892], 358; J. I. S. Whitaker *Ibis* [1875], 103 et [1898], 607; Talamon *Ornis* [1904], XII, 585, n° 19. — *Strix flammea meridionalis* Kœnig *Jour. f. Ornith.* [1895], 171; C. von Erlanger *Journ. f. Ornith.* [1898], 477, n° 25. — *Bafa* (Kœnig). — *Baf* (von Erl.).

Je ne vois aucune nécessité de désigner sous un nom nouveau en les attribuant à une race particulière, correspondant plus ou moins exactement à celles que Breton et Ehrenberg avaient appelées *Strix margaritata, St. splendens* et *St. nobilis,* les Chouettes effraies de l'Algérie, de la Tunisie et du Maroc, car les différences qu'elles peuvent présenter relativement aux Effraies européennes ne portent que sur la nuance du plumage, qui est d'un ton plus clair. Cette différence n'est pas plus importante que celles qu'on observe chez d'autres oiseaux des régions méridionales ou des contrées désertiques, et M. le D[r] Kœnig lui-même s'était contenté de la mentionner sans séparer les *Strix flammea* d'Algérie de celles de nos contrées. Une de ces Effraies d'Algérie a été envoyée au Muséum par le commandant Loche en 1859.

Les Effraies sont très communes en Tunisie et nichent dans les vieux murs et les trous d'arbres, dans les bois.

BUBONIDÉS.

SYRNIINÉS.

28. Syrnium aluco.

Le Chat-Huant et *la Hulotte* Brisson *Ornithologie* [1760], I, 500 et 507; Daubenton *Planches enl. de Buffon,* pl. 437 et 441. — *Strix aluco* Linné *Syst. Nat.* [1766], I, 132. — *Syrnium aluco* Loche *Expl. scient. Algérie, Zool. Oiseaux* [1867], I, 94; C. F. Tyrwhitt Drake *Ibis* [1867], 424; R. B. Sharpe *Cat. Birds Brit. Museum* [1875], II, 247; C. von Erlanger *Journ. f. Ornit.* [1898], 483, n° 27. — *Baf* (von Erl.). — — *Bourourou* (Loche).

M. d'Erlanger dit que «dans son *Histoire naturelle des Oiseaux de l'Algérie,* le commandant Loche a signalé les différences considérables que présentait, avec la forme typique, un individu capturé par lui en Algérie, mais qu'il n'a pas séparé l'oiseau *de Tunisie,* pensant qu'il avait été déjà décrit ailleurs». Il y a là une légère erreur ou plutôt un lapsus. En effet, Loche ne fait aucune allusion à un Chat-Huant *pris en Tunisie,* mais seulement à un exemplaire *pris en Algérie* et qui lui a paru différer notablement des autres Hulottes, c'est-à-dire probablement des autres Hulottes capturées dans le même pays, où le *Syrnium aluco* est, dit-il, très commun. Il s'agit donc sans doute, ici, d'un individu anormal ou présentant à un degré excessif une de ces modifications de plumage qui, comme Loche le fait remarquer, sont si fréquentes chez les Hulottes.

Deux Hulottes femelles adultes, que M. d'Erlanger reçut d'un de ses chasseurs arabes et qui avaient été prises entre *Souk-el-Arba* et *Aïn-Draham*, portaient cette livrée grise que M. Alex. de Homeyer a observée sur un exemplaire du Musée d'Alger. Malheureusement, pas plus que M. d'Erlanger, je n'ai entre les mains de matériaux suffisants pour savoir si cette livrée est constante ou, du moins, particulièrement fréquente chez les Hulottes du Nord de l'Afrique.

Les Chats-Huants, qui nichent en Algérie et y sont communs dans toutes les localités boisées, ne sont pas rares non plus, d'après M. d'Erlanger, dans les forêts de chênes verts et de chênes-lièges de la Tunisie, mais sont très difficiles à découvrir, ce qui explique leur rareté dans les collections. Au Maroc, d'après M. C. F. Tyrwhitt Drake, ils se tiendraient dans les cavernes aux environs de Téiouan.

29. Asio otus.

Le Moyen Duc ou *le Hibou* Brisson *Ornithologie* [1760], I, 486 ; Daubenton *Planches illuminées de Buffon*, pl. 29. — *Strix otus* Linné *Syst. Nat.* [1760], I, 132. — *Otus vulgaris* Fleming *Hist. Brit. An.* [1828], 56 ; J. Gould *Birds of Europe* [1832-1837], pl. 39 ; Loche, *Expl. scient. Algérie, Zool. Oiseaux* [1867], I, 96 ; Kœnig *Journ. f. Ornith.* [1892], 357. — *Asio otus* C. F. Tyrwhitt Drake, *Ibis* [1867], 424 ; R. B. Sharpe *Cat. Birds Brit. Museum* [1876], II, 227 ; C. von Erlanger, *Journ. f. Ornith.* [1898], 489, n° 29 ; J. I. S. Whitaker, *Ibis* [1898], 607.

Les Hiboux Moyens-Ducs, qui, d'après M. Loche, sont très répandus en Algérie, surtout dans les régions montagneuses et boisées où ils nichent dans les fentes des rochers et dans les trous d'arbres, paraissent être un peu moins communs en Tunisie. M. C. d'Erlanger a cependant trouvé un de leurs nids et capturé une femelle dans une forêt de pins d'Alep aux environs d'*Aïn-bou-Driès*. Cette femelle était de couleur beaucoup plus claire qu'une autre femelle obtenue par le Dr Kœnig, aux environs de *Monastir,* et différait par ses teintes pâles des Hiboux Moyens-Ducs de l'Europe septentrionale.

30. Asio accipitrinus.

La Grande Chouette Brisson *Ornithologie* [1760], I, 511. — *Strix brachyotus* Forster *Phil. Trans.*, LXII, p. 384. — *Otus brachyotus* Stephens *Gen. Zool.* [1800-1826], XIII, part. 2, 57 ; J. Gould *Birds of Europe* [1832-1837], pl. 40. — *Asio accipitrinus* R. B. Sharpe *Cat. Birds Brit. Museum* [1876], II, 234. — *Brachyotus aegolius* Loche *Expl. scient. Algérie, Zool. Oiseaux* [1867], I, 97. — *Brachyotus palustris* Kœnig *Journ. f. Ornith.* [1888], 163 et [1892], 358. — *Asio accipitrinus* J. I. S. Whitaker *Ibis* [1894], 95 ; C. von Erlanger *Journ. f. Ornith.* [1892], 491, n° 30. — Talamon *Ornis* [1904], XII, 585, n° 17. — *Baf* (von Erl.).

L'*Asio otus* a été observé également au Maroc par M. J. I. S. Whitaker et par M. C. F. Tyrwhitt Drake.

Les Hiboux brachyotes sont communs en Algérie où, d'après Loche, ils nichent dans les excavations des berges des cours d'eau, dans les roseaux très touffus sur le rivage des lacs, dans les buissons ou même dans le creux des vieux arbres[1]. Ils ne sont pas rares non plus en Tunisie et s'y reproduisent sans doute dans les mêmes conditions. M. Kœnig a acquis de M. Blanc, naturaliste à Tunis, plusieurs *Otus accipitrinus* et il a vu un individu de cette espèce que M. Spatz avait tué sur l'île Curiat, au cours d'une chasse à la Bécasse. M. d'Erlanger cite de son côté un Hibou brachyote tué le 23 novembre 1896 sur les bords de l'*Oued Mezessar*. Cependant, c'est seulement au bout de cinq années de séjour dans le Nord de la Tunisie que M. G. Talamon a réussi à obtenir, près de *Tunis*, un individu de cette espèce, que j'ai eu l'occasion d'examiner. En 1902 et 1903, les Hiboux brachyotes se montrent assez nombreux en Tunisie par séries de deux ou trois individus se suivant.

BUBONINÉS.

31. Athene noctua var. glaux.

Noctua glaux Savigny *Descript. de l'Égypte*, Oiseaux [1809], 287. — *Athene meridionalis* Lesson *Manuel d'Ornith.* [1829], I, 110. — *Strix numida* Levaillant jeune *Expl. scient. Algérie*, Oiseaux, Atlas, pl. 4. — *Athene persica* Loche *Expl. scient. Algérie*, Zool. Oiseaux [1867], 1, 106; C. F. Tyrwhitte Drake *Ibis* [1867], 424. — *Carine noctua* var. *glaux* R. B. Sharpe *Cat. Birds Brit. Museum* [1875], II, 135. — *Athene glaux* Kœnig *Journ. f. Ornith.* [1888], 161 et [1892], 349; Alessi, *Journ. f. Ornith.* [1892], 316; J. I. S. Whitaker, *Ibis* [1894], 95 et [1898], 608; C. von Erlanger *Journ. f. Ornith.* [1898], 479, n° 26. — *Athene noctua* P. W. Munn, *Ibis* [1897], 57. Talamon *Ornis* [1904], XII, 584, n° 16. — *Monta* ou *Touka* (Loche). — *Buma* (von Erl.).

Comme le *Syrnium aluco* et le *Scops zorca*, l'*Athene noctua* présente de grandes variations de plumage. Sa livrée devient d'autant plus claire qu'elle habite des régions plus méridionales ou plus sèches. Aussi ne sommes-nous pas étonnés que M. C. d'Erlanger ait constaté que les Chevêches de la partie septentrionale de la Tunisie ont un costume analogue à celui des Chevêches de l'Europe méridionale, que celles de la région située au sud des Chotts et du golfe de Gabès offrent des couleurs claires, et que celles de la zone intermédiaire, entre l'Atlas et les Chotts, viennent se placer; sous le rapport des nuances du plumage, entre les Chevêches du Nord et celles du Sud. Toutes ces Chevêches de Tunisie, dont j'ai sous les yeux un spécimen envoyé au Muséum en 1903 par M. Bédé, se rattachent donc les unes aux autres par des transitions insensibles et, d'autre part, elles ne peuvent être séparées des Chevêches du Maroc, dont le Muséum possède plusieurs exemplaires obtenus par M. Favier (ancienne collection Boucard, et par M. G. Buchet), et des

---

[1] Loche dit bien dans de *vieux* arbres et non sur des arbres *élevés*, comme le croit M. d'Erlanger qui, peut-être a été induit en erreur par une faute d'un traducteur qui aura écrit *in hohen Bäumen* au lieu de *in hohlen Bäumen*. L'assertion de Loche n'est donc pas aussi extraordinaire que le supposait M. d'Erlanger. Il s'agit sans doute d'arbre croissant au bord des cours d'eau. On sait d'ailleurs qu'en Europe les Hiboux brachyotes nichent parfois dans des creux de rochers ou dans des nids abandonnés de Cresserelles et de Corbeaux.

Chevêches d'Algérie qui figurent dans les galeries du Jardin des Plantes et parmi lesquelles se trouve le type de la *Strix numida* de Levaillant jeune. Elles ne peuvent être distinguées non plus d'autres spécimens obtenus en Grèce par M. A. Gaudry, en Asie Mineure par M. Ernest Chantre, en Perse par M. Éloy ou dans le Sennaar par M. Botta. Tous ces petits Rapaces ont en général une livrée de nuances plus claires que les Chevêches de la collection du Muséum provenant de Lorraine, du département de la Somme et d'autres régions de la France. Cependant, un individu tué par M. G. Buchet sur les bords de l'Oued Alian (Maroc), à la fin de décembre 1905, se rapproche beaucoup, sous le rapport de la coloration du plumage, de nos Chevêches françaises. Ceci viendrait à l'appui de l'opinion de Giglioli qui, en présence des variations que présentent les Chevêches d'Italie, aussi bien sous le rapport des dimensions que du coloris, a cru devoir réunir à l'*Athene noctua* les Chevêches désignées sous le nom d'*Athene glaux* par différents auteurs.

En examinant comparativement les Chevêches de l'Afrique septentrionale et de l'Europe méridionale et celles de l'Europe occidentale et septentrionale qui figurent dans les collections du Muséum, j'ai pu constater d'autre part que les dimensions et la courbure du bec ne sont pas constantes et que, parmi les Chevêches du pourtour du bassin méditerranéen, il y en a qui ont le bec relativement aussi court et aussi busqué que les Chevêches des régions plus froides. Taczanowski avait déjà fait en Algérie la même remarque que celle qui a été faite par M. J. I. S. Whitaker et par M. d'Erlanger en Tunisie, à savoir que les Chevêches du littoral ont des teintes plus foncées que celles du désert, et il est probable que l'on trouverait, dans une série nombreuse, tous les passages entre l'*Athene noctua* typique et l'*Athene noctua* var. *glaux*, qui n'est qu'une forme désertique.

En Tunisie, les Chevêches sont extrêmement communes, et M. C. d'Erlanger les a rencontrées aussi bien dans les déserts et les steppes que sur les berges du lit desséché des rivières, dans les oasis, dans les forêts de pins ou de chênes verts. M. G. Talamon les a observées fréquemment, même en plein jour, au bord des routes ou dans les bois d'oliviers. En Algérie, elles sont également très répandues et vivent dans des conditions aussi diverses, et au Maroc elles ne doivent pas être plus rares, étant donné le nombre de spécimens provenant de cette contrée, qui figurent dans les collections du Muséum.

32. Bubo ascalaphus.

Bubo ascalaphus Savigny *Descript. de l'Egypte, Oiseaux* [1809], 295, pl. 3, fig. 2 ; J. Gould *Birds of Europe* [1832], I, pl 37 : Tristram *Ibis* [1859], 291. — *Ascalaphia Savignyi* Loche *Expl. scient. Algérie, Zool. Oiseaux* [1867], I, 102. — *Bubo ascalaphus* R. B. Sharpe *Cat. Birds Brit. Museum* [1876], II, 24 ; König *Journ. f. Ornith.* [1888], 163 et [1892], 351 : J. I. S. Whitaker *Ibis* [1898], 126. — *Bubo ascalaphus barbarus* C. von Erlanger, *Ornith. Monatsberichte* [1897], 192 et *Journ. f. Ornith.* [1892] 492, n° 31 et pl. XII. — *Bubo ascalaphus desertorum* C. von Erlanger *Journ. f. Ornith.* [1892], 495, n° 32 et pl. XIII. — *Baf relid* (von Erl.).

Contrairement à l'opinion de M. d'Erlanger, il me parait impossible de séparer, même à titre de race locale, sous le titre de *Bubo ascalaphus barbarus* les Grands-

Ducs ascalaphes de Tunisie et d'Algérie du *Bubo ascalaphus* typique dont le type venant d'Égypte figure dans les galeries du Muséum avec un autre spécimen de ces mêmes contrées. Les caractères invoqués par M. d'Erlanger, tels que la nuance brune plus vive du plumage, la netteté plus grande du dessin de la région dorsale, la teinte plus claire de la face qui passe au blanc pur sur les vibrisses voisines du bec, me paraissent trop peu importants pour motiver une distinction que le D' R. B. Sharpe, le D' Kœnig, M. Whitaker et d'autres auteurs n'ont pas songé à établir. Quant à la variété *desertorum* de M. d'Erlanger, dans laquelle rentreraient tous les Grands-Ducs ascalaphes de la Tunisie méridionale, elle correspond à une décoloration du plumage analogue à celle qu'on observe chez la plupart des oiseaux des steppes et des déserts, et je ne vois pas pourquoi il y aurait plus de raisons pour distinguer sous un nom particulier les Grands-Ducs ascalaphes de larégion située au sud de l'Atlas que les Chevêches de la même région.

En Tunisie, les Rapaces nocturnes nichent dans les trous et les fentes des hautes falaises des montagnes et des rochers abrupts qui bordent l'*Oued Kasserine*. En Algérie, M. Loche les a rencontrés également dans les régions montagneuses et boisées. Je n'ai jusqu'ici aucune preuve certaine de la présence du *Bubo ascalaphus* au Maroc. Loche en a eu quelques exemplaires de la frontière tripolitaine semblables à ceux de Tunisie et d'Algérie.

33. Scops giu.

Le Petit Duc Brisson *Ornithologie* [1760], I, 495 et pl. XXXVII, fig. 1 ; Daubenton, *Planches enlum. de Buffon*, I, pl. 436. — *Scops giu* Scopoli *Ann.* [1769], I, 19 ; R. B. Sharpe *Cat. Birds Brit. Museum* [1875], II, 47 ; Kœnig *Journ. f. Ornith.* [1888], 162 et [1892], 351 ; J. I. S. Whitaker *Ibis* [1895], 103. — *Scops zorca* Gmelin *Syst. Nat.* [1788], I, 289 ; O. Salvin *Ibis* [1859], 190 ; Tristram *Ibis* [1859], 291 ; Loche *Expl. scient. Algérie, Zool. Oiseaux* [1867], I, 104. — *Pisorhina Scops* C. von Erlanger *Journ. f. Ornith.* [1898], 485, n° 28 ; J. I. S. Whitaker *Ibis* [1898], 60 ; Talamon *Ornis* [1904], XII, 585, n° 18. — *Marouf* (Salvin et Tristram). — *Buma mta raba* (von Erl.).

Les Hiboux Petits-Ducs se trouvent communément en Tunisie et en Algérie, où ils nichent aussi bien au nord qu'au sud de l'Atlas. Ils ne doivent pas être moins répandus au Maroc, si j'en juge par le grand nombre d'exemplaires que M. Favier a recueillis dans ce pays et qui font maintenant partie de la collection du Muséum, qui a reçu également des exemplaires venant de la Tripolitaine et de la Tunisie (mai). Quelques-uns de ces Oiseaux portent le même costume que des *Scops giu* tués en France, d'autres ont le plumage plus fortement nuancé de roux ou piqueté de blanc et les raies longitudinales des plumes un peu plus marquées, mais ce sont là des différences sans importance.

M. G. Talamon a tué plusieurs individus de cette espèce auprès de *Tunis*, à la *Manouba*.

PICIDÉS.

34. Gecinus Vaillantii.

Chloropicus Vaillantii Malherbe *Mém. Acad. Metz* [1846-1847], 130 et *Monogr. Picidae* [1862], II, 121 et pl. LXXXII, fig. 1-3. — *Picus algirus* Levaillant jeune *Expl. scient. Algérie, Oiseaux* [1848-1849], pl. V. — *Gecinus Vaillantii* Ch.-L. Bonaparte *Consp. Avium* [1850], I, 126; Tristram *Ibis* [1859], 159; O. Salvin *Ibis* [1859], 315; Loche *Expl. scient. Algérie, Zool. Oiseaux* [1867], II, 83 ; C. F. Tyrwhitt Drake *Ibis* [1867], 425; Edw. Hargitt *Cat. Birds Brit. Museum* [1890], XVIII, 41 ; Kœnig *Journ. f. Ornith.* [1895], 200. — *Gecinus Vaillantii Vaillantii* C. von Erlanger *Journ. f. Ornith.* [1899], 527 et pl. IV. — *Nokaib* (Kœnig). — *Nogab-ed-Djour* (C. von Erl.).—*Nakkab Essadjar* [*Pic à tête rouge*] (Loche).

Le D[r] Kœnig a donné en 1895, dans ses «Contributions à l'Ornithologie de l'Algérie[1]», un aperçu de la distribution géographique de cette espèce qui est spéciale au Nord-Ouest du continent africain. Elle est assez commune au Maroc, où elle a été observée sur les montagnes voisines de Tétouan par M. Tyrwhitt Drake et où ont été recueillis par M. Favier aux environs de Tanger plusieurs individus qui sont entrés dans les collections du Muséum avec la collection Boucard[2]. Elle n'est pas rare non plus en Algérie, dans les forêts de chênes verts et dans les forêts de cèdres, notamment aux environs de Bône, de Batna, de Teniet-el-Had, de Beni-Manasser, etc. En Tunisie, M. le baron d'Erlanger a trouvé le *Gecinus Vaillantii* dans les forêts de chênes verts voisines du *Camp de la Santé*, au nord de *Souk-el-Arba*, et M. Blanc a procuré au Muséum un exemplaire de cette espèce tué à *Aïn-Draham*. Ces localités sont situées au nord de la chaîne de l'Atlas; au sud de cette chaîne, l'espèce serait, suivant M. d'Erlanger, représentée par une race particulière, le *Gecinus Vaillantii Kœnigi*.

34 bis. Gecinus Vaillantii Kœnigi.

Picus (Chloropicus) canus Malherbe *Cat. des Oiseaux de l'Algérie* [1847], 17 (*nec* Gmelin). — *Gecinus Vaillantii Kœnigi* C. von Erlanger *Ornith. Monatsberichte* [1897], n° 11, 187 et *Journ. f. Ornith.* [1899], 529, n° 152 et pl. III.

Dans les forêts de pins d'Alep des environs d'*Aïn-bou-Driès*, sur le versant méridional de l'Atlas. M. C. von Erlanger a obtenu trois Pics, tous les trois femelles, qui lui ont paru différer à certains égards des individus du même sexe qu'il avait tués au nord de l'Atlas, et qu'il a cru devoir rapporter à une race particulière. Les caractères distinctifs de cette race consisteraient, chez la femelle adulte, dans la coloration jaune de l'extrémité des plumes du dos et des ailes, dans la réduction du nombre des taches foncées du ventre et des flancs et dans la nuance plus claire des pennes caudales; chez la femelle jeune, dans la netteté moins grande des taches des parties inférieures du corps et dans la teinte plus

---

[1] *Beiträge zur Ornis Algeriens*, *Journ. f. Ornith.*, 1893, p. 203.

[2] Le *Gecinus Vaillantii* n'est cependant pas mentionné ni par M. P. W. Munn, ni par M. J. I. S. Whitaker dans leurs mémoires sur les Oiseaux du Maroc, *Ibis*, 1897, p. 51 et suiv., et 1898, p. 592 et suiv.

claire et plus pure du dos et de la queue. N'ayant pas entre les mains de Pics verts tués dans le Sud de la Tunisie, je n'ai pu constater par moi-même les différences qu'ils peuvent présenter avec ceux du Nord du même pays; je ferai observer seulement qu'un mâle de *Gecinus Vaillantii*, provenant de la collection Boucard et indiqué comme ayant été pris par M. Favier aux environs de Tanger, offre sur le dos des raies interrompues d'un jaune soufre et sur la queue une teinte brune assez pâle, c'est-à-dire les mêmes particularités que la femelle de la Tunisie méridionale décrite et figurée par M. d'Erlanger sous le nom de *Gecinus Vaillantii Kœnigi*, tandis que d'autres individus obtenus au Maroc par M. Favier sont identiques aux mâles de *Gecinus Vaillantii* qui ont été envoyés d'Algérie au Muséum par Levaillant, en 1846. On trouverait donc dans le Nord du Maroc[1] un type que M. d'Erlanger considère comme spécial à la région située au sud de l'Atlas, ce qui ne concorderait pas avec la théorie qu'il soutient, à moins que les Oiseaux de la région saharienne appartinssent en général à d'autres races que les Oiseaux de la région méditerranéenne. D'un autre côté, je ferai remarquer que chez le *Gecicus viridis* on trouve aussi des individus ayant des taches ou des raies jaunâtres et des pennes caudales d'une nuance plus claire, et que personne ne songe à les rapporter à une race particulière.

35. **Dendrocopus numidicus.**

Picus numidicus Malherbe *Mém. Acad. Metz* [1848], 242 et [1848-1849], 327, et *Monogr. Picidae* [1861], I, 65 et pl. XVIII, fig. 1 à 3; Tristram *Ibis* [1859], 157; O. Salvin *Ibis* [1859], 315; Loche *Expl. scient. Algérie, Zool. Oiseaux* [1867], II, 79 et pl. IX, fig. 1 et 1 a. — *Dendrocopus numidicus* Edw. Hargitt *Cat. Birds Brit. Museum* [1890], XVIII, 217; J. I. S. Whitaker *Ibis* [1896], 97. — *Dendrocopus numidus numidus* C. von Erlanger *Journ. f. Ornith.* [1899], 531. — *Nokaib* (Kœnig). — *Nogab-ed-Djour* (C. von Erlang.).

Le Muséum d'histoire naturelle, qui possédait déjà un certain nombre de Pics de Numidie, mâles et femelles, tués en Algérie et donnés par Levaillant et M. Tellieux ou provenant de l'ancien Musée algérien, a reçu deux individus de la même espèce tués en Tunisie. L'un de ces Oiseaux avait figuré à l'Exposition universelle de 1889; un autre a été acquis récemment de M. Blanc, naturaliste à Tunis. Ce dernier Pic, un mâle tué à *Aïn-Draham*, porte exactement la même livrée que l'Oiseau figuré dans la partie zoologique de l'*Exploration scientifique de l'Algérie*[2], à cela près que les taches de ses rémiges sont blanches et non pas rousses. Cette différence tient d'ailleurs sans doute à une faute de coloris sur la planche. En comparant ces Pics d'Algérie et de Tunisie avec des Pics du Maroc appartenant à l'espèce désignée par Hargitt sous le nom de *Dendrocopus mauritanicus*[3], j'ai retrouvé tous les caractères distinctifs indiqués par mon savant ami; mais sur son mâle adulte appartenant à une série de spécimens du Maroc récoltés par M. Fa-

---

[1] M. C. F. Tyrwhitt Drake n'a pas séparé des *Gecinus Vaillantii* les Pics qu'il a trouvés nichant aux environs de Tétouan.

[2] Pl. 9.

[3] *Cat. Birds Brit. Museum* [1890], XVIII, p. 216. Les Pics du Maroc n'avaient pas été séparés par M. C. F. Tyrwhitt Drake (*Ibis*, 1867, p. 425) du véritable *Picus numidicus*.

vier aux environs de Tanger (ancienne collection Boucard), j'ai constaté sur le milieu de la poitrine la présence non plus seulement de quelques plumes rouges, mais d'une tache assez large, qui toutefois ne vient pas se confondre sur les côtés avec les deux bandes latérales noires, en forme de croissant, comme cela a lieu chez le *Dendrocopus numidicus*. En outre, je rappellerai que ce n'est pas seulement le bec et les pattes qui sont plus petits chez le *D. mauritanicus* que chez le *D. numidicus*; ce sont aussi les ailes et la queue qui sont plus courtes, l'Oiseau offrant en général des dimensions plus réduites, ainsi que cela ressort du reste des mesures données par Hargitt.

Le *Picus numidicus* paraît être très répandu dans les forêts du Nord de la Tunisie et dans celles du département de Constantine, en Algérie. M. C. J. Tyrwhitt Drake l'a observé sur les montagnes de Tétouan au Maroc.

36. Dendrocopus minor.

Picus minor Linné *Syst. Nat.* [1766], I, 176; Malherbe *Monogr. Picidae* [1861], I, 113 et pl. XXVI, fig. 4 à 7; Loche *Expl. scient. Algérie, Zool. Oiseaux* [186], II, 82; Kœnig *Jour. f. Ornith.* [1895], 203. — *Picus Ledouci* Malherbe *Faune Ornith. Algérie* [1855], 22. — *Dendrocopus minor* Edw. Hargitt *Cat. Birds Brit. Museum* [1890], XVIII, 252. — *Dendrocopus minor Ledouci* C. von Erlanger *Journ. f. Ornith.* [1900], 1, n° 154. — *Nogab-ed-Djour* (von Erl.).

Les Pics Épeichettes d'Algérie et ceux de Tunisie sont, dit-on, un peu plus petits que ceux de nos contrées; mais cette différence, qui a été constatée successivement par Malherbe, Loche, le D^r Kœnig et le baron d'Erlanger, est vraiment trop peu importante pour autoriser le classement des premiers de ces Oiseaux dans une espèce ou même dans une race distincte. Quant à la légère dissemblance de plumage signalée par Malherbe, qui a trouvé un peu moins de blanc chez le *Picus Ledouci* que chez le *Picus minor* ordinaire, elle offre encore moins de valeur, Loche ayant constaté chez les Pics Épeichettes d'Algérie de nombreuses variations individuelles. Malherbe lui-même n'a pas cru d'ailleurs devoir maintenir son *Picus Ledouci*, qui a été ramené par Hargitt dans la synonymie du *Dendrocopus minor* avec d'autres prétendues races locales signalées par Brehm.

D'après Loche, les Pics Épeichettes sont peu nombreux dans les forêts de l'Algérie et il doit en être de même en Tunisie où M. C. d'Erlanger n'a pu se procurer qu'un seul individu du *Dendrocopus minor*.

Le Muséum d'histoire naturelle ne possède aussi, à côté de spécimens européens, qu'un seul exemplaire de cette espèce, envoyé d'Algérie par Levaillant, en 1846: le British Museum n'est pas plus riche; le D^r Kœnig n'a réussi à s'en procurer qu'un seul spécimen durant ses voyages en Algérie, et il en a été d'autant plus heureux que, parmi les ornithologistes ayant exploré le pays dans le cours de ces dernières années, après Loche et Malherbe, M. Gurney jeune était le seul qui eût réussi à observer une fois le *Dendrocopus minor*.

Pas plus que M. d'Erlanger, je n'ai eu entre les mains de spécimen de *Dendrocopus minor* venant du Maroc. L'espèce ne figure pas, du reste, dans les listes des collections faites dans ce pays par M. P. W. Munn et par M. J. I. S. Whitaker.

37. Iynx torquilla.

Iunx Torquilla Linné *Syst. Nat.* [1766], I, 172; Malherbe *Monogr. Picidae* [1862], II,
289 et pl. CXXI, fig. 4; Loche *Expl. scient. Algérie, Zool. Oiseaux* [1867], II, 86. —
Jynx torquilla C. F. Tyrwhitt Drake *Ibis* [1867], 425. — *Iynx torquilla* Edw. Hargitt
Cat. Birds Brit. Museum [1890], XVIII, 560; Kœnig *Journ. f. Ornith.* [1888], 170 et
[1892], 370; J. I. S. Whitaker *Ibis* [1898], 607; C. von Erlanger *Journ. f. Ornith.*
[1899], 2, n° 155. — Talamon *Ornis* [1904], XII, 585, n° 20. — *Angou* (Kœnig).

Le Torcol, qui est répandu et se reproduit en Algérie, niche probablement aussi
en Tunisie, où il a été observé par le D^r Kœnig et par M. C. d'Erlanger, au mois
de mars et au mois d'avril, dans le Nord du pays et sur le *Djebel Sidi-Ali-ben-
Aoun* et le *Djebel Sidi-Aich*, contreforts de l'Atlas, et où M. G. Talamon a tué de
son côté quelques sujets, de mai à septembre.

Deux exemplaires provenant l'un de l'Algérie, l'autre de la Tunisie, figurent
dans les collections du Muséum et sont revêtus d'une livrée claire, comme le
Torcol tué par M. C. F. Tyrwhitt Drake dans une vigne à Tanger.

CUCULIDÉS.

38. Cuculus canorus.

Cuculus canorus Linné *Syst. Nat.* [1766], I, 168. — *Le Coucou* Guéneau de Montbéliard
Hist. nat. des Oiseaux de Buffon [1779], VI, 305; Daubenton *Planches enlum. de
Buffon*, VI, pl. 811. — *Cuculus canorus* O. Salvin *Ibis* [1859], 316; Loche *Expl.
orient. Algérie, Zool. Oiseaux* [1867], II, 76; C. F. Tyrwhitt Drake *Ibis* [6867], 425;
Kœnig *Journ. f. Ornith.* [1888], 166 [1892], 365 et [1895], 188; G. E. Shelley *Cat.
Birds Brit. Museum* [1891], XIX, 245; J. I. S. Whitaker *Ibis* [1894], 95; C. von Er-
langer *Journ. f. Ornith.* [1900], 17, n° 160; Talamon *Ornis* [1904], 585, n° 21. —
Tchouk (Loche). — *Tagoug* (von Erl.).

D'après Loche, le Coucou vulgaire arriverait en Algérie, comme chez nous, au
printemps, et n'en repartirait qu'à la fin de l'été, ce qui reviendrait à dire qu'il se
reproduirait dans ce pays; au contraire, d'après le D^r Kœnig, cet Oiseau ne ferait
que passer régulièrement en Tunisie. Tous les exemplaires obtenus en Tunisie,
près de *Schradou*, de *Radès*, de *Chnies*, sur le *Djebel Batteria*, sur le *Djebel Sit-
toun*, sur le *Djebel Fréion* et entre *Aïn-bou-Driès* et *Thalla*, par le D^r Kœnig et
par M. C. d'Erlanger ont été tués au printemps, à la fin de mars, au commencement et au milieu d'avril, ou même dans la dernière quinzaine d'avril. C'est en
avril aussi qu'a été tué, aux environs de Tunis, un Coucou chanteur acquis de
M. Blanc par le Muséum. On aurait donc pu admettre que ces Oiseaux étaient
tous des migrateurs revenant en Europe, si les dates relativement tardives (17 et
19 avril) auxquelles deux d'entre eux avaient été obtenus par M. d'Erlanger ne
tendaient pas à faire croire que quelques Coucous au moins s'arrêtent en Tunisie
pour y déposer leurs œufs. Cette opinion est confirmée par le témoignage que
m'apporte M. Georges Talamon qui, dans un séjour récent en Tunisie, a vu au
printemps, aux environs de *Sidi-ben-Haddid*, à 16 kilomètres de *Bizerte*, d'abord

une troupe de cinq Coucous, mâles et femelles, et ensuite une femelle qu'il a tuée et qui était prête à pondre.

Le Muséum possède dans ses collections un Coucou tué par M. Faviez au Maroc, où l'espèce a été observée au printemps par M. C. F. Tyrwhitt Drake.

39. Coccystes glandarius.

Cuculus glandarius Linné *Syst. Nat.* [1766], I, 167; Temminck *Planches color.* [1826], III, pl. 414. — *Oxylophus glandarius* C. F. Tyrwhitt Drake *Ibis* [1867], 425. — *Coccystes glandarius* Loche *Expl. scient. Algérie, Zool. Oiseaux* [1867], II, 74; G. E. Shelley *Cat. Birds Brit. Museum* [1891], XIX, 212; J. I. S. Whitaker *Ibis* [1898]. 607; C. von Erlanger *Journ. f. Ornith.* [1900], 19.

Un Coucou-Geai pris en Tunisie faisait partie d'une collection remise au Muséum à la suite de l'Exposition universelle de 1889. Il paraît, du reste, que chaque année M. Blanc, naturaliste à Tunis, reçoit de ses chasseurs quelques Coucous-Geais tués en Tunisie, et M. le baron d'Erlanger a pu acquérir un de ces Oiseaux obtenu dans ces conditions aux environs de Tunis, au printemps. M. d'Erlanger est porté à croire que ces Coucous ne font que traverser le pays au printemps et en automne. Il n'en serait pas de même en Algérie, où Loche dit en avoir rencontré dans toutes les localités boisées et même avoir pris deux jeunes dans des nids étrangers, dans la forêt de Teniet-el-Had. De son côté, M. C. F. Tyrwhitt Drake déclare avoir vu un Coucou-Geai à Tanger le 10 janvier, en avoir tué le 15 du même mois et vu un autre à Tétouan le 15 mars, et M. J. I. S. Whitaker cite une femelle tuée à Schaf-el-Akab le 27 février, ce qui semble indiquer que l'espèce séjourne plus ou moins longtemps dans ce pays, d'où proviennent deux exemplaires de la collection du Muséum, pris par M. Favier. Il est probable que, sur divers points de la Barbarie, l'apparition de ces Oiseaux coïncide avec celle des Acridiens.

CORACIADÉS.

40. Coracias garrula.

Le Rollier Brisson *Ornithologie* [1760], II, 64: Daubenton *Planches enlum. de Buffon*, III, pl. 486. — *Coracias garrula* Linné *Syst. Nat.* [1766], I, 159; Salvin *Ibis* [1859], 302; Loche *Expl. scient. Algérie, Zool. Oiseaux* [1867], II, 88; C. F. Tyrwhitt Drake *Ibis* [1867], 425; Kœnig *Journ. f. Ornith.* [1888], 167 et [1892], 369; R. B. Sharpe *Cat. Birds Brit. Museum* [1892], XVII, 15; J. I. S. Whitaker *Ibis* [1895], 193 et [1898], 607: C. von Erlanger *Journ. f. Ornith.* [1900], 12, n° 158; Talamon *Ornis* [1904] XII, 585. n° 24. — *Schragrag* (von Erl.). — *Schragrack* (Kœnig).

Très commun en Algérie. où il niche et où il a été observé par Loche, par O. Salvin. par le Dr Kœnig et par d'autres naturalistes, le Rollier vulgaire se reproduit aussi au Maroc et dans la Tunisie septentrionale, principalement sur les bords de la *Medjerda* et de l'*Oued Kasserine* et près d'*Ain-bou-Driès*. C'est là que M. le Dr Kœnig et M. le baron C. d'Erlanger ont trouvé des nids de cette espèce en mai et en juin. Au contraire, dans le Sud de la Tunisie, par exemple aux environs de Monastir, les Rolliers ne se montrent qu'au moment des passages. C'est dans la seconde quinzaine d'avril qu'ils reparaissent au nord de l'Atlas, en même temps que les Guépiers.

Le Muséum d'histoire naturelle, qui possédait déjà un exemplaire de *Coracias garrula*, venant de Tunisie, en a reçu dernièrement deux autres spécimens, pris par M. G. Buchet au mois d'avril au Maroc, où l'espèce avait déjà été observée dans les mois d'avril et de mai à Rabat, à Mequinez, dans la ville de Maroc, et sur d'autres points du même pays par M. J. I. S. Whitaker et par M. C. F. Tyrwhitt Drake. On sait que le Rollier se reproduit dans diverses contrées de l'Europe méridionale et de l'Asie centrale tandis qu'il ne fait que passer dans l'Afrique tropicale et dans quelques provinces de l'Inde anglaise.

MÉROPIDÉS.

41. Merops apiaster.

Le Guépier Brisson *Ornithologie* [1760], IV, 532; Daubenton *Planches enlum. de Buffon*, VI, pl. 938. — *Merops apiaster* Linné *Syst. Nat.* [1766], I, 182; Tristram *Ibis* [1859], 435; Salvin *Ibis* [1859], 303; Loche *Expl. scient. Algérie, Zool. Oiseaux* [1867], II, 90; C. F. Tyrwhitt Drake *Ibis* [1867], 425; Dresser *Monogr. Meropidae* [1884], 75 et pl. 18; Kœnig *Journ. f. Ornith.* [1888], 168 et [1892], 368; R. B. Sharpe *Cat. Birds Brit. Museum* [1892] XVII, 63; P. W. Munn *Ibis* [1897], 57; J. I. S. Whitaker *Ibis* [1898], 606; von Erlanger *Journ. f. Ornith.* [1900], 3; Talamon *Ornis* [1904], XII, 585, n° 23. — *Eliamoun* (Loche). — *Limoun* (cercle d'Hamama). — *Taer-el-Juhud* (Gafsa). — *Scharrgrak* [Gabès-Douz], (von Erlanger).

Les Guépiers arrivent dans le Nord de l'Algérie et de la Tunisie vers la fin d'avril et en repartent à la fin de septembre. Ils sont, durant toute cette période, extrêmement communs et nichent dans les berges sablonneuses des rivières, et notamment sur les bords de l'*Oued Kasserine*, [Gabès-Douz] (von Erlanger), où M. le baron C. d'Erlanger a recueilli des œufs dans les premiers jours d'avril et au commencement de juin 1897. Il en a trouvé aussi à *Bir Mrabot* le 15 mai, et à Gafsa le 19 mai de la même année. Quelques Guépiers que j'ai eu l'occasion d'examiner ont été tués près du cap Bon par M. G. Talamon en mai 1897.

Outre de nombreux spécimens provenant de l'Afrique orientale, du cap de Bonne-Espérance, de Crimée, d'Autriche, d'Italie et d'Espagne, les collections du Muséum d'histoire naturelle renferment des exemplaires de *Merops apiaster* pris en Tunisie et acquis de M. Petit en 1899 et de M. Blanc en 1903 (mai, environs de Tunis), d'autres envoyés d'Algérie par Levaillant en 1846, d'autres encore pris au Maroc, aux environs de Tanger, par M. G. Buchet et par M. Favier. Dans ce dernier pays, M. C. F. Tyrwhitt Drake, M. P. W. Munn et M. J. I. S. Whitaker ont observé cette espèce depuis la fin de mars jusqu'en juin et en ont obtenu de nombreux exemplaires aux environs de Fez et d'autres localités.

Les Guépiers vulgaires visitent aussi l'Asie centrale. Ceux de la Barbarie et du bassin du Nil passent l'hiver dans l'Afrique tropicale et méridionale.

Une autre espèce de Guépier, dont l'aire de dispersion s'étend depuis la Séné-gambie et la Basse-Égypte jusqu'au cap de Bonne-Espérance et dont le Muséum a reçu des exemplaires pris dans le Sahara algérien, d'abord par le commandant Loche et ensuite par M. Dybowski (11 avril 1890), le *Merops persicus,* ne paraît se trouver ni en Tunisie ni au Maroc.

ALCÉDINIDÉS.

42. Alcedo ispida.

Le Martin-Pêcheur Brisson *Ornithologie* [1760], IV, 471. — *Alcedo ispida* Linné *Syst. Nat.* [1766], I, 179; Loche *Expl. scient. Algérie, Zool. Oiseaux* [1867], II, 94; R. B. Sharpe *Monogr. Alcedinidae* [1870], 1, pl. 1 et *Cat. Birds Brit. Museum* [1892], XVII, 141; Kœnig *Journ. f. Ornith.* [1892], 367; Alessi *Journ. f. Ornith.* [1892], 316; J. I. S. Whitaker *Ibis* [1896], 97 et [1898], 607; C. von Erlanger *Journ. f. Ornith.* [1900], 7, n° 157 et pl. XVII; Talamon *Ornis* [1904], XII, 585, n° 22. — *Mekhiet-el-Ma* (Loche). — *Tar-el-Achdar* (von Erl.).

M. le D^r Kœnig avait constaté, comme le dit M. d'Erlanger, que les Martins-Pêcheurs tués par M. Spatz et par lui en Tunisie étaient de taille plus faible que les Martins-Pêcheurs d'Europe, et il avait songé à séparer les premiers, à titre de race, sous le nom d'*Alcedo ispida Spatzii;* mais plus tard il avait reconnu que ces Oiseaux de Tunisie se rapprochaient beaucoup plus des *Alcedo ispida* européens que les Martins-Pêcheurs asiatiques désignés par Gmelin sous le nom d'*Alcedo bengalensis* et en conséquence il avait renoncé à les désigner sous un nom particulier. C'est ce nom que M. le baron d'Erlanger a cru devoir restituer à la suite d'une comparaison entre des Martins-Pêcheurs de diverses provenances. Mais je ne puis me ranger à cette manière de voir. L'examen d'une série très importante de Martins-Pêcheurs originaires les uns du Caucase, du Bengale, de l'Indo-Chine et des Philippines, d'autres d'Algérie et du Sénégal, d'autres de France, etc., m'a convaincu, en effet, du peu de valeur des caractères invoqués pour particulariser de prétendues races asiatique et africaine. Et d'abord la longueur du bec n'est pas constamment plus faible chez les Martins-Pêcheurs de Barbarie que chez nos Martins-Pêcheurs, ainsi que le supposait M. d'Erlanger. Je trouve, en effet, qu'elle est de o m. 037 chez deux Martins-Pêcheurs du Maroc, recueillis par M. Favier, comme chez deux Martins-Pêcheurs de France donnés au Muséum par M. Fallou et par M. R. de Saint-Arroman. Elle est encore la même chez un Martin-Pêcheur mâle tué à Bang-Kok (Siam) par M. Bocourt et chez un Martin-Pêcheur envoyé du Japon par M. Soller. D'autre part, si un Martin-Pêcheur (probablement femelle) des environs de Tanger a l'abdomen de nuance claire, un autre de même provenance a toutes les parties inférieures du corps d'un roux presque uniforme et certainement aussi foncé que celui d'un Martin-Pêcheur de France. Chez cet individu, comme chez un autre exemplaire du Maroc, la gorge est d'un blanc qui tranche vigoureusement sur la teinte rousse de la poitrine.

L'*Alcedo ispida* niche en Tunisie comme en Algérie et au Maroc. En Tunisie, il a été rencontré par M. G. Talamon sur les bords du lac de *Bizerte* et des rivières avoisinantes, par M. Spatz aux environs de *Monastir,* par M. Blanc aux environs de *Tunis;* par le baron d'Erlanger sur les bords de l'*Oued Gabès* et de l'*Oued*

Sarat, sur les îles *Knaiss*, sur les côtes entre *El-Skirrha* et *Maharès*, sur les bords de l'*Oued Gafsa* et de l'*Oued Medjerda*, et par M. Alessi sur les bords de l'*Oued Tozer*. Il est naturellement plus commun dans la région septentrionale, mieux arrosée que la région méridionale.

CYPSÉLIDÉS.

43. Cypselus melba.

Hirundo melba Linné *Syst. Nat.* [1766], 345. — *Grand Martinet à ventre blanc* Buffon *Hist. nat. Oiseaux* [1779], VI, 660; Daubenton *Planches enlum. de Buffon* [1783], pl. 542, fig. 1. — *Cypselus melba* Illiger *Prodr.* [1811], 230; Tristram *Ibis* [1859], 435; O. Salvin *Ibis* [1859], 302; Loche *Expl. scient. Algérie, Zool. Oiseaux* [1867], I, 98; C. F. Tyrwhitt Drake *Ibis* [1867], 425; Kœnig *Journ. f. Ornith.* [1888], 165 [1892], 360 et [1895], 183; J. I. S. Whitaker *Ibis* [1894], 95; P. W. Munn *Ibis* [1897], 57. — *Micropus melba* E. Hartert *Cat. Birds Brit. Museum* [1892], XVI, 438. — *Apus melba* C. von Erlanger *Journ. f. Ornith.* [1899], 513, n° 144; Talamon *Ornis* [1904], XII, 586, n° 26. — *Chotefa* (von Erl.).

Les Martinets à ventre blanc qui, d'après Loche, sont assez communs au mois de mai, lors de leur passage de printemps dans le département de Constantine, mais qui ne se rencontrent qu'accidentellement dans les départements d'Alger et d'Oran, sont au contraire, d'après M. d'Erlanger et le Dr Kœnig, communs sur toutes les chaînes de montagnes du Nord et du Sud de la Tunisie et nichent sur divers points, dans les fissures des falaises abruptes, notamment au *Bou Kornein*, près *Hammam-el-Lif*, et sur les bords de la *Mohamedia*. Ils arrivent dans le pays du 20 mars au 1ᵉʳ avril[1]. Au Maroc, M. C. F. Tyrwhitt Drake n'a observé ces Oiseaux qu'au moment de passage; mais M. P. W. Munn en a vu au mois de mai, près de Tétouan.

Le Muséum d'histoire naturelle possède dans ses collections, outre des exemplaires provenant de Suisse, d'Italie et d'autres contrées de l'Europe, des spécimens de *Cypselus melba* provenant du Maroc, d'Algérie et de Tunisie. Ces derniers, qui ont été donnés par M. Forest, ont le manteau d'un brun très pâle, tirant au gris.

44. Cypselus apus.

Hirundo apus Linné *Syst. Nat.* [1766], 364. — *Le Martinet* Brisson *Ornithologie* [1760], II, 512. — *Cypselus apus* Illiger *Prodr.* [1811], 230; Tristram *Ibis* [1859], 435; O. Salvin *Ibis* [1859], 302; Loche *Expl. scient. Algérie, Zool. Oiseaux* [1867], II, 100; C. F. Tyrwhitt Drake *Ibis* [1867], 425; Kœnig *Journ. f. Ornith.* [1888], 165 et [1892], 360; J. I. S. Whitaker *Ibis* [1896], 96; P. W. Munn *Ibis* [1897], 57; Talamon *Ornis* [1904], XII, 586, n° 25. — *Micropus apus* E. Hartert *Cat. Birds Brit. Museum* [1892], XVI, 442. — *Apus apus* C. von Erlanger *Journ. f. Ornith.* [1899], 515, n° 145.

Les Martinets noirs, qui sont très communs en Algérie, du mois d'avril à la fin d'août, et qui s'y reproduisent, sont également très répandus en Tunisie, où ils se

---

[1] C. von Erlanger, *Journ. f. Ornith.*, [1899]. p. 514.

montrent dès le milieu de mars, et où ils nichent non seulement dans les bâtiments à *Tunis* et dans les autres villes du Nord de la Régence, mais aussi dans les rochers et même, suivant M. d'Erlanger, en forêt, dans les excavations des vieilles branches de chênes verts et de chênes-lièges. Ce mode tout à fait anormal de nidification a été, paraît-il, constaté *de visu* par M. d'Erlanger. Un autre fait moins singulier, mais néanmoins remarquable, a été observé par M. Aplin qui, à *Kairouan*, a vu des Martinets noirs (*Cypselus apus*) volant en troupes autour de la grande mosquée de Sidi-Okba, en même temps que des Martinets pâles (*Cypselus pallidus* ou *murinus*) qui étaient beaucoup plus nombreux que les Martinets ordinaires.

Comme le dit M. d'Erlanger, on est surpris de voir réunis sur le même point le *Cypselus apus* et le *Cypselus murinus* que M. E. Hartert a considéré comme une simple race de l'espèce précédente.

Le *Cypselus apus* a été rencontré par M. Aplin d'abord le 20 avril sur le chemin d'*El Djem*, puis à *Kairouan* et à *Ghardimaou*. D'après M. C. F. Tyrwhitt Drake, il est très commun au Maroc pendant l'été. Le Muséum possède un exemplaire tué dans ce dernier pays par M. Favier et semblable à un exemplaire tué aussi aux environs de Tunis, que j'avais eu précédemment sous les yeux.

44 *bis*. **Cypselus apus** var. **murinus.**

Cypselus murinus Brehm *Vogelf.* [1855], 46. — *Cypselus pallidus* G. E. Sthelley *Ibis* [1870]. 445 et [1871], 47 et *Birds of Egypt* [1872], 172. — *Micropus apus murinus* E. Hartert *Cat. Birds Brit. Museum* [1892], XVI, 446. — *Cypselus murinus* P. W. Munn *Ibis* [1892], 57. — *Cypsilus pallidus* Kœnig. *Journ. f. Ornith.* [1892]; J. I. S. Whitaker *Ibis* [1896], 97 et [1898], 607.

Les Martinets pâles paraissent être très communs sur certains points de la Tunisie, notamment à *El-Djem*, dans les ruines de l'amphithéâtre romain, et à *Kairouan*, où, comme je le disais tout à l'heure, ils ont été observés en grand nombre par M. Aplin, et où ils nichent certainement. Cependant, M. le baron d'Erlanger déclare, chose curieuse, n'avoir jamais rencontré de Martinets de cette sorte dans le cours de ses voyages, et il n'attribue pas à l'espèce ou à la race *Cypselus murinus* les Oiseaux à gorge largement marquée de blanc, à front orné de quelques lignes onduleuses de couleur claire qu'il a tués les 9, 10 et 14 mai au sud de la chaîne de l'Atlas. Ces Oiseaux offrent pourtant certains traits d'un *Cypselus pallidus* ou *murinus* mâle que le Muséum a acquis récemment de M. Blanc et qui a été tué au mois de mai aux environs de Tunis. Ce dernier se distingue facilement des *Cypselus apus* de la collection du Muséum, non seulement par sa gorge blanche, mais par les teintes pâles de son plumage, marqué de petits croissants blancs sur la tête et les flancs.

Le *Cypselus apus murinus* a été observé également à Chniès par le D[r] Kœnig. Au Maroc, il a été rencontré par M. P. W. Munn aux environs de Tétouan au mois de mai, et par M. J. I. S. Whitaker dans les villes de Maroc et de Mogador et à Ras-el-Aïn, aux mois de juin et juillet. Il niche donc également dans ces pays et, s'il ne se reproduit pas en Algérie, il se trouve du moins à certains moments dans ce pays, puisque M. le D^r Kœnig en a obtenu un spécimen à Bordj Saada, près Biskra [1].

45. Cypselus affinis var. Kœnigi.

Cypselus affinis Kœnig *Journ. f. Ornith.* [1888], 165 et [1892], 361; J. L. S. Whitaker *Ibis* [1875], 102. — *Micropus affinis* E. Hartert *Cat. Birds Brit. Museum* [1892], XVI, 454 et *Novitates zoologicae* [1895], II, 59 (part). — *Micropus Kœnigi* Reichenow *Ornith. Monatsber.* [1894], 191. — *Apus affinis Kœnigi* E. Hartert *Tierreich* [1897], Lief. I, 88. — C. von Erlanger *Journ. f. Ornith.* [1899], 517, n° 146. — *Chotefa* (von Erl.).

Je n'ai pas entre les mains les éléments nécessaires pour me faire une idée de la valeur des différences que présentent les petits Martinets à croupion blanc, découverts par M. le D^r Kœnig sur le *Djebel-el-Meda*, près du village d'*Ondret* (oasis de Gabès), en Tunisie, avec les Martinets de même type, qui habitent l'Inde et Ceylan, le Sennaar, l'Abyssinie et la Palestine, et qui ont été désignés sous le nom de *Cypselus affinis* [2] et de *Cypselus galilejensis* [3]. Par conséquent, je dois m'en rapporter au témoignage des ornithologistes et des voyageurs qui, comme M. le D^r Kœnig, M. Reichenow, M. le baron C. d'Erlanger et M. Ernest Hartert, ont eu sous les yeux de nombreux exemplaires provenant des différents pays indiqués ci-dessus, et qui paraissent maintenant être d'accord pour séparer, à titre de race, du vrai *Cypselus affinis* de l'Inde et de l'Afrique tropicale, le *Cypselus galilejensis* de la Palestine et le *Cypselus Kœnigi* du Nord-Ouest de l'Afrique.

Les Martinets à croupion blanc nichent sur le *Djebel-el-Meda*, le *Djebel-Sidi-Ali-ben-Aoun* et le *Djebel-Fréion*, probablement aussi sur le *Djebel-Tfell*, près Gafsa, le *Djebel-Selousa* et le *Djebel-Seggi*, montagnes sur lesquelles M. C. d'Erlanger et M. Spatz ont tiré plusieurs individus. Toutes ces hauteurs sont situées au sud de l'arête principale de l'Atlas. D'après M. C. d'Erlanger, les Martinets à croupion blanc arrivent en Tunisie au milieu de mars, quelques-uns même un peu plus tôt, et ils nichent en mai et en juin.

Au Maroc, M. J. I. S. Whitaker a tué à Mazagran et dans la ville de Maroc, en avril et en mai, deux Martinets de teintes plus foncées que ceux de Tunisie, qui lui ont paru se rapporter au vrai *Cypselus affinis* de J. P. Grey. Ceci ne coïncide pas avec l'opinion exprimée par M. C. d'Erlanger et tendrait à me faire douter de la valeur comme race du *Cypselus Kœnigi*. Comme l'a fait observer M. E. Hartert, le climat exerce une influence sur la nuance du plumage des Martinets comme de beaucoup d'autres Oiseaux, et les Martinets des régions humides sont toujours de couleur plus foncée que ceux des régions sèches.

---

[1] *Journ. f. Ornith.*, 1895, p. 184.

[2] HARDWICKE in FRANKLIN, *Proceed. Zool. Soc. Lond.*, 1831, p. 116. et GRAY et HARDWICKE, *Illustr. Ind. Zool.*, 1832, I pl. 35, fig. 2.

[3] ANTINORI, *Naumannia*, 1855, p. 307 et pl. 5.

46. Caprimulgus europaeus.

Caprimulgus europaeus Linné *Syst. Nat.* [1758], 193 et [1766], I, 346. — E. Hartert
Cat. Birds Brit. Museum [1892], XVI, 526. — *C. europaeus europaeus* C. von
Erlanger *Journ. f. Ornith.* [1899], 521, n° 148. — *C. europaeus* Talamon *Ornis* [1904],
XII, 526, n° 27. — *Kernaef-tel-Liela* (von Erlang.).

D'après M. d'Erlanger, comme d'après M. Hartert, les Engoulevents d'Europe,
de la *forme typique*, ne feraient que traverser, souvent en grand nombre, les contrées
situées au nord de l'Atlas; c'est aussi ce qu'a observé M. G. Talamon, qui m'a
soumis un exemplaire tué à *Menzel-Djemil*, près de *Bizerte* (Tunisie), en mai 1900.
Cet Oiseau, à livrée de couleurs foncées, de même qu'un spécimen provenant également de Tunisie, qui avait figuré à l'Exposition universelle de 1889 et que
j'avais eu précédemment sous les yeux, ne m'a point paru différer des Engoulevents
de notre pays. C'est également à la forme typique que se rapportent trois spécimens
de l'ancienne collection Boucard, obtenus aux environs de Tanger (Maroc) par
M. Favier. Chez ces Oiseaux, également de teintes foncées, l'aile mesure de 0^m19
à 0^m20, comme chez certains exemplaires provenant de *Tallah* (Tunisie), qui
ont été mesurés par M. le baron d'Erlanger.

Les collections du Muséum renferment encore un spécimen du vrai *Caprimulgus
europaeus*, obtenu en Algérie (collection de l'ancien Musée algérien).

46 *bis*. Caprimulgus europaeus var. meridionalis.

Caprimulgus europaeus meridionalis E. Hartert *Ibis* [1896], 370 et *Tierreich, Caprimul-
gidae* [1897], livr. I, 57 [406]; C. von Erlanger *Journ. f. Ornith.* [1899], 520,
n° 147. — *Kernaef-tel-Liela* (von Erlang.).

Le baron d'Erlanger rapporte à la race du *Caprimulgus europaeus* que
M. Hartert a désignée sous le nom de *C. europaeus meridionalis*, les Engoulevents
qu'il a trouvés nichant en Tunisie, au commencement de juin, aux environs de la
source de *Bou-Driès*, et en général tous les Engoulevents qui, au lieu de traverser
seulement les pays situés au nord de l'Atlas, s'y arrêtent pour s'y reproduire.
D'après cette manière de voir, que je ne puis contrôler faute de documents suffisants, il faudrait probablement attribuer au *C. europaeus meridionalis* quelques-
uns des renseignements fournis précédemment par d'autres auteurs au sujet de
C. europaeus. Ce serait, par exemple, à la race méridionale (si tant est que cette
race soit toujours bien caractérisée par la brièveté de ses ailes) qu'appartiendraient
les Engoulevents qui, d'après Loche[1], nichent en Algérie; ce seraient encore
des Oiseaux de la même race qui auraient pondu les œufs que M. le D^r Kœnig
a recueillis en Tunisie en 1891 et qui provenaient des environs de *Sfax* et
de *Djebel Batteria*[2]. Quant aux indications fournies par M. Whitaker[3] et par

---

[1] *Expl. scient. de l'Algérie, Zoologie, Oiseaux*, 1867, t. II, p. 102.
[2] *Journ. f. Ornith.*, 1892, p. 359.
[3] *Ibis*, 1895, p. 102.

M. Alessi [1], il m'est impossible de dire si elles se rapportent à la forme typique où à la race méridionale dont le Muséum d'histoire naturelle ne possède aucun exemplaire.

47. Caprimulgus ruficollis.

Caprimulgus ruficollis Temminck *Manuel d'Ornithologie* [1820], 438; Loche *Expl. scient. Algérie, Zool. Oiseaux* [1867], II, 105, n° 229; Alessi *Journ. f. Ornith.* [1892], 316; E. Hartert *Cat. Birds Brit. Museum* [1892], XVI, 531; Kœnig *Journ. f. Ornith.* [1895], 181; E. Hartert *Tierreich* [1897], livr. I, 58; G. Talamon *Ornis* [1904], 586, n° 28. — *Caprimulgus ruficollis desertorum* von Erlanger *Journ. f. Ornith.* [1899], 521, n° 149 et pl. XI. — *Kernaef-tel-Liela* (von Erlang.).

M. Ernest Hartert avait déjà constaté que les Engoulevents à cou roux d'Algérie et de Tunisie étaient tantôt d'une teinte isabelle ou d'un roux pâle, tantôt de nuances plus foncées; mais il n'avait, avec raison, pas attribué d'importance à ces différences de teintes dues uniquement à des différences d'habitat, car on sait que les Oiseaux d'une même espèce ont une livrée claire ou foncée, selon qu'ils habitent des régions arides et découvertes ou des régions humides et boisées. Cependant M. d'Erlanger n'a pas hésité à distinguer les Engoulevents à cou roux du Maroc et en général de toutes les contrées situées au nord de l'Atlas, des Engoulevents à cou roux du Sud de l'Algérie et de la Tunisie, en désignant ces derniers sous une rubrique particulière dont rien, à mon sens, ne justifie le maintien. C'est à peine, en effet, si l'on observe une très légère différence de nuance entre un *Caprimulgus ruficollis* tué dans le Nord de Maroc par M. Buchet et un *Caprimulgus ruficollis* tué dans le Sahara par M. le Dr Joly.

Cette espèce a été signalée non seulement dans le Nord de l'Afrique, mais encore dans le Sud de l'Europe, et même, d'une façon tout à fait accidentelle, en Angleterre, Elle séjourne en Tunisie du mois de mai au mois de septembre et parfois jusqu'en octobre, et se tient aussi bien dans les déserts et les steppes parsemés de rochers que dans les régions boisées. M. le baron d'Erlanger en a obtenu des exemplaires à livrée pâle et des œufs aux environs d'*Aïn-Guettar*, au nord de *Gafsa* et dans les forêts de pins au sud de la source de *Bou-Driès*. D'après M. Paul Spatz, les Engoulevents à cou roux sont communs en été dans le voisinage de l'oasis de *Mareth* et le voyageur Alessi a observé quelques-uns de ces Oiseaux dans le *Djerid*, près *Tozer*. M. d'Erlanger, qui donne ces indications, ajoute qu'il a rencontré d'autre part des Engoulevents à cou roux, à plumage plus foncé, près de *Madjen-ben-Abbès* et dans les forêts de pins des environs de *Feriana*.

[1] *Journ. f. Ornith.*, 1892, p. 316.

48. Caprimulgus aegyptius.

Caprimulgus aegyptius Lichtenstein *Verzeichniss Doubletten* [1823], 59; E. Hartert *Cat. Birds Brit. Museum* [1892], XVI, 562; Kœnig *Journ. f. Ornith.* [1888], 165, [1892], 360 et [1895], 178; Whitaker *Ibis* [1894], 102. — *Caprimulgus isabellinus* Temminck *Planches color.* [1825], 379; Loche *Expl. scient. Algérie, Zool. Oiseaux* [1867], II, 105. — *Caprimulgus aegyptius Saharæ* C. von Erlanger *Journ. f. Ornith.* [1879], 525, n° 150 et pl. XII. — *Bameia* (aux environs de Gabès) et *Dolea* (dans le désert, d'après von Erlang.).

Comme pour le *Caprimulgus ruficollis*, M. le baron d'Erlanger a cru devoir établir pour le *C. aegyptius* une distinction subspécifique entre les individus à plumage pâle de la région désertique et les individus à plumage plus foncé, provenant de la région située au nord de l'Atlas; mais je ne puis que répéter à ce propos ce que je dis plus haut pour le *C. ruficollis*. Trois Engoulevents du type *aegyptius* provenant du *Bordj Achichina* (Tunisie) sont certainement de teintes très claires, d'une couleur café au lait à peine maculée de brun noirâtre; mais l'étendue des taches foncées varie de l'un de ces individus à l'autre; ainsi chez l'un, les premières rémiges sont en majeure partie brunes et les rectrices offrent des barres transversales bien distinctes; chez un autre, les pennes primaires offrent des *encoches* fauves beaucoup plus larges et les rectrices des raies transversales beaucoup plus réduites; chez le troisième enfin, les ailes et la queue sont d'un fauve pâle avec des bandes noires encore plus étroites. Il n'y a donc pas même une uniformité de plumage absolue entre ces trois sujets, tués le 19 et le 20 juin 1903 dans la même localité. A plus forte raison ai-je pu, comme M. d'Erlanger, constater de légères différences entre des exemplaires venant de la région du Haut-Nil et de la région désertique; mais ces différences n'ont à mes yeux aucune importance. D'autre part. je n'hésite pas à accepter l'opinion de M. Hartert, qui identifie le *Caprimulgus arenicolor* Severtzoff[1] du Turkestan a *C. aegyptius*. Un exemplaire donné par M. Severtzoff lui-même au Muséum d'histoire naturelle offre en effet les plus grandes ressemblances avec les Oiseaux envoyés par M. Bédé et avec des spécimens provenant d'Égypte et conservés dans les galeries du Muséum.

En faisant abstraction de la prétendue race saharienne, on peut donc assigner pour domaine au *Caprimulgus aegyptius* toute la région des steppes et des déserts qui s'étend à travers le Sud de l'Algérie, de la Tunisie, probablement de la Tripolitaine, jusque dans l'Asie centrale. De cette région, quelques individus se sont échappés, de rare en rare, pour venir se faire tuer à Malte, en Sicile, en Angleterre et jusqu'à Héligoland.

M. d'Erlanger a trouvé en 1893 de ces Engoulevents nichant le 27 mars sur l'*Oued Beschima*, et le 5 mai près d'*Oglet Nachla*.

[1] *Ibis*. 1895. p. 491.

UPUPIDÉS.

49. Upupa epops.

Upupa epops Linné *Systema Naturae* [1766], I, 183; H. B. Tristram *Ibis* [1859], 435;
O. Salvin *Ibis* [1859], 304; Loche *Expl. scient. Algérie, Zool. Oiseaux* [1867], II, 96;
Kœnig *Journ. f. Ornith.* [1888], 169 et [1892], 364; Whitaker *Ibis* [1874], 95; G.
Talamon *Ornis* [1904], 586, n° 29. — *Upupa epops pallida* C. von Erlanger *Journ. f.
Ornith.* [1900], 15, n° 159 et pl. 10. — *Tebib* (von Erlang.).

Après avoir composé une nombreuse série de Huppes provenant, les unes du
Centre et du Nord de l'Europe, les autres des steppes de la Tunisie, M. d'Erlanger
déclare être arrivé à cette conclusion que les dernières appartiennent à une race
particulière. Ici encore il se fonde sur des différences dans les nuances du plumage:
les Huppes de Tunisie portent un costume de couleurs plus claires que les Huppes
des pays situés au nord des Alpes; mais il reconnaît lui-même que les dimensions
de tous ces Oiseaux sont identiques, que les spécimens provenant des provinces
du Nord de l'Afrique baignées par la Méditerranée sont déjà un peu plus foncés,
de même que des exemplaires obtenus en Grèce par le Dr Krüper, de telle sorte
qu'il n'y a point lieu de maintenir la distinction proposée.

La Huppe vulgaire, qui se rencontre en été dans toute la portion méridionale de
la région paléarctique et en hiver jusqu'en Sénégambie, en Arabie et même dans
le Nord de l'Inde, se reproduit en divers points de la Tunisie. M. le baron d'Erlanger a trouvé au mois de mai un nid de Huppes, contenant de jeunes Oiseaux,
qui était logé dans une fente de rochers, à *Gammuda*, sur les bords d'une rivière
descendant du *Djebel Freiou*. Il a également observé à diverses reprises des Huppes
dans l'oasis de *Gafsa* et dans les jardins de *Feriana*, mais il a cru remarquer que
ces Oiseaux étaient moins conservés au sud qu'au nord de l'Atlas. C'est dans cette
dernière région, sur les bords de l'*Oued Tiadja* et à *Mengel Djemil*, près *Bizerte*,
que M. Georges Talamon a tué, au mois de juin et au mois d'août de l'année 1901,
deux Huppes, qu'il a soumises à mon examen. L'un de ces Oiseaux était encore
jeune. D'après ce naturaliste, les Huppes, dans le Nord de la Tunisie, établissent
souvent leurs nids dans les troncs d'oliviers.

CERTHIIDÉS.

50. Certhia familiaris var. brachydactyla.

Certhia familiaris Linné *Systema Naturae* [1766], I, 184; Loche *Expl. scient. Algérie*
Zool. Oiseaux [1857], I, 292; H. Gadow *Cat. Birds Brit. Museum* [1883], IX, 323;
Whitaker *Ibis* [1896], 93. — *Certhia brachydactyla* (Brehm) C. von Erlanger *Journ.
f. Ornith.* [1899], 313, n° 82.

D'après M. C. d'Erlanger, dont je ne partage point l'opinion, la *Certhia brachydactyla* de Brehm (*Handb. Nat. Vög. Deutschl.* [1831], 210), que la plupart des
auteurs considèrent tout au plus comme une race de la *Certhia familiaris*, consti-

tuerait une espèce bien distincte, ayant une distribution géographique différente de celle de la *C. familiaris* typique [1], et ce serait à cette soi-disant espèce que se rapporteraient tous les Grimpereaux observés en Tunisie et en Algérie. Je ne vois pas de raisons suffisantes pour séparer aussi nettement les Grimpereaux du Nord de l'Afrique, lors même qu'il serait démontré qu'ils ont tous et invariablement les caractères de la forme signalée par Brehm. Les matériaux me manquent pour résoudre cette question.

Quoi qu'il en soit, des Grimpereaux ont été fréquemment rencontrés par M. le baron C. d'Erlanger dans les forêts de chênes-lièges de la Tunisie, au nord de *Souk-el-Arras*. Ces Oiseaux se reproduiraient même communément dans la région. M. J. I. S. Whitaker a trouvé de son côté un nid de la même espèce le 20 mai et un jeune déjà capable de nicher dans la seconde quinzaine de juin, dans les bois des environs de *Ghardimaou*. Les Grimpereaux seraient également assez répandus en ce point, d'après cet ornithologiste, qui n'a pas cru devoir les distinguer de l'espèce commune.

PARIDÉS.

51. Parus major.

Parus major Linné *Systema Naturae* [1766], I, 341; Loche *Expl. scient. Algérie, Zool. Oiseaux* [1867], I, 296; H. Gadow *Cat. Birds Brit. Museum* [1883], VIII, 19; Whitaker *Ibis* [1896], 93; C. von Erlanger *Journ. f. Ornith.* [1899], 255, n° 79. — *Bou-Beziza* (Loche).

Le Muséum a reçu autrefois, de Levaillant jeune, un exemplaire de Mésange charbonnière pris en Algérie, où l'espèce, d'après le commandant Loche, est commune et sédentaire, mais il ne possède aucun exemplaire de *Parus major* pris en Tunisie. Dans ce dernier pays, M. Whitaker n'a rencontré de Mésanges charbonnières que dans les forêts de chênes et de chênes-lièges des environs de *Ghardimaou* et d'*El-Fedja*, où elles étaient assez nombreuses. De son côté, M. le baron C. d'Erlanger en a reçu des exemplaires de M. Blanc et a obtenu lui-même, au mois de juillet 1897, toute une série d'individus dans les forêts de chênes-lièges du Nord de la Tunisie. En revanche, le *Parus major* ne figurait point dans la collection de M. Georges Talamon. Il est donc probable que l'espèce est assez inégalement distribuée, suivant la répartition de certaines masses forestières.

[1] M. d'Erlanger s'appuie surtout sur l'opinion exprimée par MM. Deichler et Kleinschmidt dans leur Mémoire sur l'Ornithologie du Grand-Duché de Hesse (*Journ. f. Ornith.*, 1896, p. 449). D'après ces auteurs, la *Certhia familiaris* fréquenterait surtout les forêts d'arbres verts; la *C. brachydactyla*, les forêts d'arbres à feuilles caduques; la première serait surtout une forme orientale, la seconde une forme occidentale. C'est cette dernière que M. d'Erlanger déclare avoir trouvée exclusivement dans les forêts de chênes-lièges.